柴油机超高压喷射技术

Super – High Pressure Common Rail
Fuel Injection Technology of Diesel Engine

陈海龙　著

国防工业出版社
·北京·

内容简介

本书从系统角度出发，全面介绍了柴油机超高压喷射技术，特别是针对超高压喷射系统中存在的增压压力波动问题的原因及解决措施等内容进行了系统阐述。全书共分为8章，内容包括共轨压力控制技术，超高压喷射系统增压压力波动分析，新型超高压喷射系统性能计算与优化设计，电磁阀的开发及驱动电路设计，超高压喷射系统特性测试研究，新型超高压共轨柴油机燃烧特性，滑阀式电控增压泵设计等。

本书可供从事柴油机相关专业教学及工程技术人员参考。

图书在版编目（CIP）数据

柴油机超高压喷射技术/陈海龙著. —北京：国防工业出版社，2023.4

ISBN 978-7-118-12878-9

Ⅰ.①柴… Ⅱ.①陈… Ⅲ.①柴油机—喷射器 Ⅳ.①TK421

中国国家版本馆CIP数据核字(2023)第058445号

※

国防工业出版社出版发行

（北京市海淀区紫竹院南路23号 邮政编码100048）

北京龙世杰印刷有限公司印刷

新华书店经售

*

开本 710×1000 1/16 **插页** 4 **印张** 9¼ **字数** 166千字

2023年4月第1版第1次印刷 **印数** 1—2000册 **定价** 68.00元

国防书店：(010)88540777 书店传真：(010)88540776

发行业务：(010)88540717 发行传真：(010)88540762

序

柴油机经过一百多年的发展，经历了几次重大的技术变革，带来了柴油机性能与可靠性的大幅提升。当前在能源短缺、排放控制的形势下，柴油机从特定工况性能优化转化到全工况性能优化上来，如何组织更适应全工况性能优化的柔性燃油喷射规律，成为重要的研究课题。共轨技术成为了当今柴油机先进水平的标志性技术之一。

2000 年年初，我带领研究团队开始了共轨技术的基础研究工作。陈海龙博士作为我的学生和合作者，其研究方向为基于高压共轨的柔性控制喷油策略的研究。提出了一种基于液力放大机构以实现超高压喷射，并通过控制液力放大机构作动时序实现喷油规律的柔性可调，这是一个全新的技术。陈海龙博士从原理研究、硬件实现，到工程初步应用做了大量工作，特别是针对燃油喷射过程的压力波动问题开展了深入研究，有效抑制压力波动，使得喷油过程平稳，鲁棒性更好。毕业后，海龙一直从事柴油机教学工作，教学任务繁忙，但他一直坚持在这一领域继续耕耘，先后参与了与此相关的两个国家自然科学基金的研究。由于他的刻苦好学、坚持钻研，让动力研究的接力棒传递了下去，实现了动力研究的薪火相传，“千淘万漉虽辛苦，吹尽狂沙始到金”，在动力研究领域，他不断越险阻、攀高峰，取得了一个个令人称赞的成绩，让我颇感欣慰。这次他将多年研究成果总结成书，邀我作序时，我欣然提笔以表祝贺。

本书从系统角度出发，分 8 章内容全面介绍了柴油机超高压喷射技术，特别是针对超高压喷射系统中存在的压力波动问题等进行了深入研究，这些内容与我的拙著《柴油机高压共轨喷射技术》一脉相承。“江山代有人才出，各领风骚数百年”，他的成绩与努力，勤勉与付出，拓宽了柴油机高压共轨喷射技术领域，更难能可贵的是他提供了一些新的技术探索方向与可能。本书提出并解决科学技术问题的思路方法，除用于教学和科学研究以外，也可为工程技术人员及科研人员提供有益借鉴。“丹心未泯创新愿，白发犹残求是辉”，本书的具体研究成果乃是一些新的技术探索与构思,难免有值得商榷的地方,但其对于从事柴油机高压共轨喷射技术,特别是超高压喷射技术等领域研究的科研人员仍具有重要的参考价值。“路漫漫,求修远兮”,愿他在动力研究领域再立新功、再创佳绩!

2023 年 1 月

前言

柴油机作为一种优良的动力机械,自诞生以来为人类的生产和生活做出了巨大贡献,也具有重要的军事价值,但其排放物是大气污染的主要源头之一。为满足未来能源与环境发展的需要,必须进一步提高柴油机的燃油经济性并降低排放。影响柴油机排放和经济性的因素很多,而且相当复杂。优化缸内燃烧无疑是最主要、最有效的手段之一。对燃烧影响最大的喷射参数是喷油正时、喷射压力、喷油持续期以及喷油规律等。特别是高压喷射和柔性可调的喷油速率对实现柴油机的高功率化、提高柴油机的升功率,同时优化喷雾质量、改善油气混合、减少污染物排放,提高柴油机的整体性能影响极大。典型高压共轨系统虽可实现对喷射正时、喷射压力以及喷油持续期等喷射参数的独立调节,但限于其自身工作原理、材料工艺水平及超高压密封问题等因素的制约,很难实现超高喷射压力及柔性可调喷油速率。

柴油机超高压喷射系统保留了典型高压共轨系统的全部部件与功能。并在此基础上,通过在典型高压共轨系统电控喷油器内部或共轨管与电控喷油器之间增加一个"高基压、低增压比"方案的电控增压泵,实现低、高负荷双压(共轨压力、超高压力)分别给喷嘴端供油,甚至通过控制电控喷油器电磁阀与电控增压泵电磁阀的开关时序,实现在一次喷射过程中两种喷射压力分段向喷嘴端供油,形成柔性可调的喷油速率,展示出了有利于改善发动机全工况运行特性的巨大潜力。

本书从系统角度出发,全面介绍了柴油机超高压喷射技术,特别是针对超高压喷射系统中存在的增压压力波动问题的原因及解决措施等内容进行了系统阐述。全书共分为 8 章,第 1 章为绪论,简要介绍了先进燃烧理论对喷油特性的需求以及柴油机超高压喷射技术的现状。第 2 章介绍了共轨压力控制的几种原理与实现技术。第 3 章分析了基于两位两通阀原理的电控增压泵增压压力波动情况,并在此基础上提出了两位三通原理的电控增压泵涉及思路。第 4 章介绍了基于两位三通原理的电控增压泵构成的新型超高压喷射系统性能计算与优化设计。第 5 章介绍了电磁阀的开发及驱动电路设计。第 6 章为超高压喷射系统特性研究。第 7 章为新型超高压共轨柴油机燃烧特性。第 8 章为滑阀式电控增压泵的设计。

本书的出版得到“武警部队高层次科技人才培养工程”基金的资助。本书所涉及笔者的研究工作是在海军工程大学欧阳光耀教授指导下完成的,并得到“面向可控喷油特性的超高压共轨技术理论研究及实现”(51379212)、“电喷共轨技术”(4010103010401)、“超高压共轨技术研究”(4010304020104)和“海军工程大学博士研究生创新基金”(HGBSJJ2011001)的资助。在本书撰写过程中,承蒙海军工程大学唐开元教授、王昌一教授、庄永华教授、安士杰副教授、李育学副教授、刘振明副教授,武警海军学院俞伟强教授等多位专家的热情帮助和大力支持。在此,谨向有关组织、机构和个人表示诚挚的感谢。

本书可供从事柴油机相关专业教学及工程技术人员参考。由于作者水平有限,且部分成果为一家之言,不当之处敬请广大读者批评指正,以便今后修改完善。

陈海龙

2022 年 12 月 28 日于武警海警学院

主要符号说明

英文字母			
A	流通面积	a	燃油声速
C	电容	d	直径
E	弹性模量	F	力
G	重量	h	高度/升程
I	电流	i	气缸数
k	系数/弹簧刚度	L	电感/长度
l	电感	m	质量
N	匝数	n	转速
p	压力	Q	流量
q	流量速度	R	电阻
r	半径	T	时间
V	体积/容积	v	速度
x	弹簧形变量/距离/位移		
带下标的符号			
A_{inj}	喷孔流通面积	A_{zy}	柱塞小端截面积
A_{sol}	电磁阀的几何流通面积	A_{check}	阀座口面积
$A_{\mathrm{plu\_s}}$	柱塞小端面积	$A_{cr\to zy}$	单向阀流通面积
$A_{\mathrm{plu\_con}}$	控制室柱塞受力面积	A_{zy}	柱塞小端截面积
$A_{\mathrm{plu\_b}}$	柱塞大端面积	$A_{\mathrm{jy\to con}}$	基压室至控制室的流通面积
A_{con}	控制室截面积	$A_{\mathrm{con\to sol}}$	控制室至电磁阀室的流通面积
A_{cr}	柱塞大端截面积	A_{d}	粒子团截面积
A_{s}	液滴表面积	b_{e}	燃油消耗率
C_{D}	油滴阻力系数	d_{mf}	阀密封线直径
d_{B}	座面2处控制室出口直径	d_{n}	三通阀内阀直径

带下标的符号			
d_w	外阀直径	d_{check_out}	单向阀出口直径
d_{check_ball}	单向阀阀球直径	d_j	座面1处控制室进油孔直径
dp/dt	液压腔内燃油压力变化率	dx/dt	运动件的运动速度
dx/dt	柱塞运动速度	$\frac{dx_1}{dt}$	电磁阀衔铁运动速度
$\frac{d^2x_1}{dt^2}$	电磁阀衔铁运动加速度	E	燃油弹性模量
E_{wall}	管壁材料的杨氏模量	F_{check_f}	单向阀阀芯运动摩擦力
F_{shear}	柱塞偶件间隙内燃油的剪切力	F_{hyd}	燃油作用在柱塞上的液压力
F_{shear_p}	柱塞所受黏性剪应力	F_{shear_b}	柱塞壳体所受黏性剪应力
F_{check_k}	单向阀弹簧预紧力	F_{hyd}	液压力
F_0	单向阀复位弹簧预紧力	F_{ig}	油滴受的重力和浮力的合力
F_m	机械力	F_{ip}	压力
F_h	液压力	F_{ib}	磁场力、电场力、马格纳斯力等
F_{mag}	电磁力	F_h	控制室油液对阀芯的作用力
G_{check_spool}	单向阀阀芯重量	h_{cam}	高压油泵回油量对应的凸轮升程
k_{sol}	电磁阀弹簧刚度	K_p	比例系数
k_3	增压活塞复位弹簧刚度	K_0	复位弹簧的刚度
L_{gap}	密封长度	$L_{solenoid}$	螺线管长度
m_{sol}	电磁阀衔铁和外阀的质量	L'	电磁阀衔铁行程
m_2	阀球质量	m_{plu}	柱塞质量
m_p	单位面积的增压柱塞组运动质量	N_e	标定功率
ΔP_{cr}	轨压设定值与实际值之间的差值	ΔP_{sol}	进油比例电磁阀两端压力差
P_{obj}	目标轨压值	P_{rea}	实际轨压值
P_{cly}	泄漏端或气缸压力	Δp_{yt}	厚壁圆筒内部压力变化
P_{zy}	增压室压力	P_{sol}	电磁阀室内压力
P_{inj_z}	最大增压压力	ΔP_{sol}	阀口前后的压差
P_{con}	控制室压力	P_{con}	控制室压力
P_{open}	单向阀开启压力	P_{zy}	增压室压力
Q_{inj}	体积流量	Q_{sho}	共轨管中应供燃油的体积流量
Q_{used}	供油期内由于泄漏、喷油等引起的应供燃油的体积流量	$Q_{in}(Q_{out})$	非泄漏流进(出)液压腔的燃油流量

带下标的符号			
$Q_{zy\_leakout}$	增压室泄漏量	$Q_{jy \to con}$	基压室至控制室的流量
Q_{cr-zy}	基压室至增压室的流量	$Q_{con \to sol}$	控制室至电磁阀室的流量
$O'_{pre \to cyl}$	喷油器喷油量	ΔQ_{con_leak}	柱塞间隙泄漏量
$O'_{con \to sol}$	喷油器控制室至电磁阀室的油量	Q_{leak_in}、Q_{leak_out}	因泄漏流进(出)液压腔的燃油流量
r_{inner}	厚壁圆筒内径	$r_{outside}$	厚壁圆筒外径
r_{plu}	柱塞半径	r_d^{n+1}	液滴直径
S_a	吸合面积	T_d^{n+1}	液滴温度
ΔT_{int}	增压与喷油间隔时间	Δt_{inj}	喷油持续期
v_b	柱塞壳体运动速度	$V(x)$	容积腔的实时容积值
V_{cr}	共轨管容积	V_{yt}	厚壁圆筒容积
v_{cam}	凸轮转速	v_g	单向阀进、出油口处油液流速
V_{con}	控制室容积	V_{zy}	增压室容积
$\Delta V/V$	燃油体积变化率	x_{sol}	外阀芯行程
x	柱塞位移量	x_0	弹簧预压紧量
x_1	电磁阀衔铁位移	Y_v	油滴中燃油蒸发的质量分量
希腊字母			
ξ	增压柱塞阻力系数	μ	流量系数
ξ_{eq}	当量流动阻尼系数	μ_0	空气磁导率
ξ_{in}, ξ_{out}	进口、出口的流动阻力系数	δ	密封间隙/电磁阀衔铁与螺线管气隙
ρ	燃油密度	ρ_ν	燃油的饱和蒸气密度
ψ	磁通量	μ_r	相对磁导率
β	压力脉动阻尼系数	ν	迎面阻力系数
η	燃油动力黏度	γ	材料泊松比
υ_{sol}	电磁阀迎面阻力系数	μ_0	空气磁导率
α_v	球阀座半锥角	θ	锥阀锥角
α	气体与油滴间的传热系数	σ_{gap}	密封面的间隙
υ_3	增压活塞迎面阻力系数	α_1	内阀锥面半夹角
μ_g	流动区黏性系数	α_2	外阀锥面半夹角
τ	冲程数		

目录

绪　论

环境问题是人类在21世纪必须面对的全球性问题[1-2]。船舶柴油机的有害排放物是大气污染的主要源头之一[3]。国际海事组织(IMO)《MARPOL73/78公约》的附则Ⅵ——防止船舶造成大气污染规则颁布后,船用柴油机的排放问题得到了各国的充分重视,带动了船用柴油机在控制废气排放方面的科学技术研究[4]。既保住了直喷柴油机卓越的燃油经济性能,又满足了日益严格的排放法规,最重要的手段还改善了燃烧过程,即通过组织低温高强度燃烧来解决排放问题,最终实现船用柴油机全工况范围内高功率输出、低燃油消耗、低排放、低噪声的优化运行。喷射方式的变化会改变燃料喷射扩展的空间结构及其油、气的分布规律,燃油与空气混合时机对直喷式发动机燃烧及污染物生成都有着十分重要的影响[5-7]。大量研究表明:提高喷射压力、采用喷射率控制技术等是降低柴油机有害排放的有效手段[8-10]。高压共轨燃油喷射技术的应用,进一步降低了燃油消耗,增强了动力性能,满足了更加严格的排放法规,并使系统具有更高的喷射压力和更灵活的喷油方式。

然而,随着燃烧理论的进步,人们对喷射系统提出了更为苛刻的特性要求。比如,柔性可变的主喷油率、大于200MPa的超高喷射压力等。可见,对柴油机喷射系统性能要求的不断提高,促使一种新的燃油喷射系统的出现。该燃油喷射系统需立足国内加工工艺水平,既保留现有高压共轨燃油喷射系统所有可调环节的特性,又满足先进燃烧理论要求。

1.1 先进燃烧理论对喷油特性的需求

为了降低燃烧噪声,改善低温启动性能,要求预喷射[11-13];为了燃烧充分,降低排放,使微粒物捕集器得到再生,要求主喷之后补喷;为了实现在不同工况时所需的最佳喷油率[14],要求喷射系统能够实现可调主喷油率;为了燃油雾化良好,必须增加喷孔数目,缩小喷孔直径,喷孔缩小后,要保证足够的喷油速率,就必须提高喷油压力;为了实现多次喷射,要改进喷射系统的响应特性[15]。所有这些要求决定了高压共轨燃油喷射技术的发展方向。

柴油机燃烧过程主要受燃油喷射特性控制,燃油喷射特性主要是喷油压力和喷射规律[16-22]。柴油机喷射压力直接影响到发动机的排放性和经济性[23],同时也影响系统本身的结构和工作可靠性。喷油压力提高以后,喷出油束的雾化质量得到改善,油滴颗粒的直径减小,数量增加,表面积增大,有利于改善与空气的混合和油滴的蒸发,但两者之间并不呈线性关系。随着喷油压力的提高,单位油滴表面积的增加变得较为缓慢。当喷射压力高于一定数值后对改善混合气质量的作用已不明显(图1-1)[24]。高压喷射是降低微粒排放的主要措施(图1-2),但对于 NO_x 的形成有负面影响,且直至喷油压力提高到300MPa时,仍存在 NO_x 与PM之间的权衡关系,但当喷射压力超过160MPa以后,这种权衡关系已不大明显[25],或者说只有继续提高喷射压力才能保证废气中颗粒物和 NO_x 同时降低[26]。喷射压力提高以后,喷油装置部件的受力载荷增大,同时驱动功率也相应增加时,机械效率降低。高压喷射需要合适的喷孔与之相匹配,目前批量生产的喷孔尺寸为0.16~0.18mm。如果将喷孔直径缩小至0.06~0.10mm,则可进一步缩短着火滞燃期,使PM排放进一步降低。除此以外,采用高压喷射还可缩短喷油持续期,有利于降低 NO_x 的形成。因此,随着发动机功率的增大,循环喷量增加及转速的提高,喷油压力还有进一步提高的趋势。

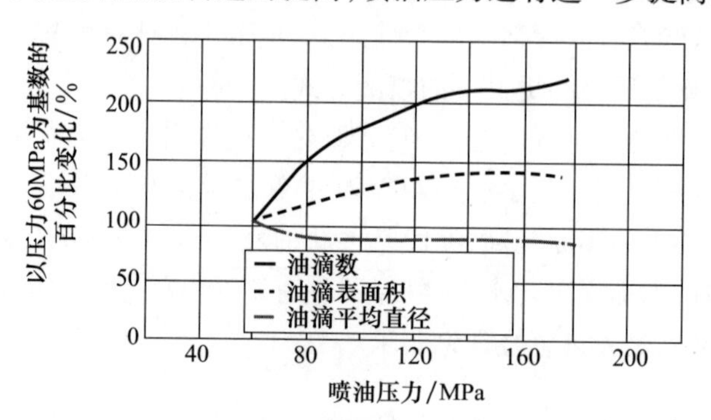

图1-1　喷射压力对雾化质量的影响

为了使燃烧过程中的 NO_x 和PM排放水平以及产生的噪声和振动等指标得到较为理想的权衡折中,传统的燃油喷射系统的启喷压力比较低,燃油雾化较差,滞燃期较长,在此期间喷入的油量较多,致使预混燃烧剧烈,缸内压力及温度迅速升高,为 NO_x 的生成创造了有利的条件。采用高压喷射虽然可以改进雾化质量,使滞燃期缩短,但在高压下仍会喷入较多数量的燃油,因此需要通过对喷射规律的调节来控制预混燃烧的油量,比较理想的是采用靴形喷油模式(图 1-3)[27-30]及多次喷油模式(图 1-4)[31-33],甚至是多次喷射配合靴形主喷油模式(图 1-4)[34]。

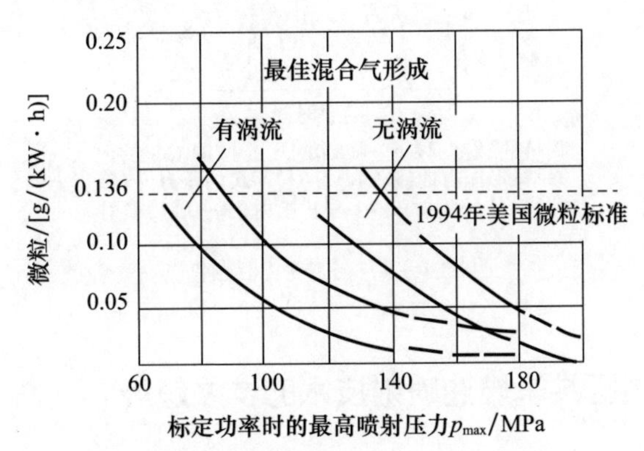

图 1-2 喷射压力对颗粒排放的影响

图 1-3 中,由于多次喷油模式中每个喷油脉冲的宽度、喷射间隔和喷射始点与终点是灵活可控的,通过控制喷油脉冲的时间间隔,可以使各次喷射脉冲之间产生相互扰动,促进混合过程[33]。通过预喷射与主喷射油量的匹配,有利于根据工况点调整燃烧噪声与 NO_x 排放的折中[34]。

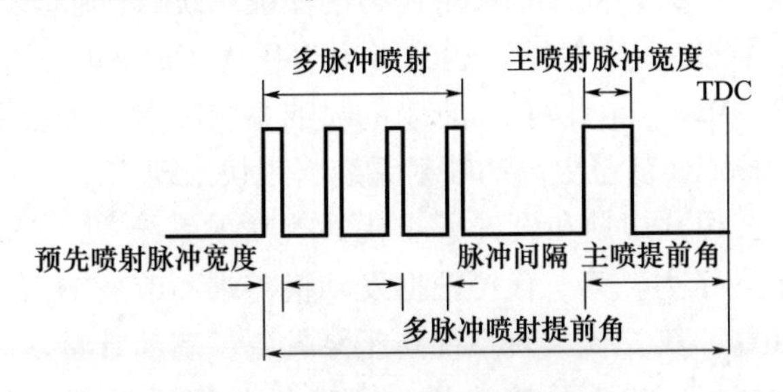

图 1-3 多次喷油脉冲控制时序

图 1-4 中,预喷射的喷油压力应尽可能低,并在压缩行程期间喷入气缸少量燃油,有利于提高主喷射开始时气缸内压力和温度水平[35],从而缩短主喷射的着火滞燃期;主喷射的最高喷油压力为 180~200MPa,且喷油速率可柔性调节;近后喷射紧跟在主喷射后,使用高喷油压力实现连续燃烧,使碳烟颗粒继续

燃烧,从而减少碳烟排放;远后喷射的喷油压力应尽可能低,燃油并不燃烧,而是靠废气中的余热汽化,主要用于为废气后处理准备碳氢化合物。

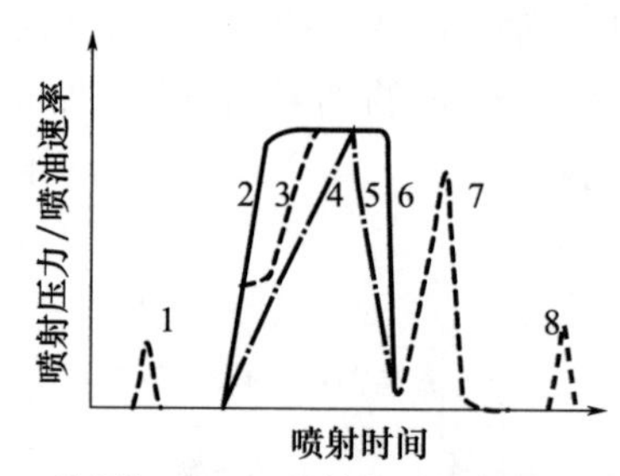

1—预喷射; 2、6—陡峭的压力升/降 (共轨); 3—靴形压力曲线; 4、5—较平缓的压力升/降曲线 (传统喷射); 7—早后喷射; 8—晚后喷射。

图 1 – 4　各种喷油规律

1.2 国内外高压共轨燃油喷射技术的发展趋势

燃油喷射系统对柴油机混合气形成、燃烧和排放起着十分重要的作用,而高压共轨燃油喷射系统为研究上述燃烧模式及其技术实现提供了一个切实可行的平台。高压共轨技术经过近 10 年的发展,电控式喷油系统成功研发,使燃油喷射压力最高能达到 200MPa,这是传统柴油机所能达到的 3 倍多。众多零部件开发商研发出了许多高燃油喷射压力的喷射系统。Bosch 公司最新推出的 CRS2 – 18 共轨系统燃油喷射压力达到了 180MPa。DENSO 公司最新研制的共轨系统将达到 250MPa。由此可见,未来的喷油系统喷射压力会逐步增高,燃油喷射压力达到 300MPa 甚至更高的喷射系统将很快出现[36]。

德国 Bosch 公司共规划和设计了 4 代共轨喷射系统[37]。第一代共轨高压泵总是保持在最高压力。第二代可根据发动机需求而改变输出压力,并具有预喷射和后喷射功能。第二代共轨系统高压泵具备了燃油计量功能,即可以根据轨腔压力调节泵油量降低泵油功耗。第三代共轨系统最高喷射压力达到 200MPa。其喷油器采用快速开关压电晶体控制器,控制响应速度极高,可实现多段喷射,最小喷射量控制在 0.5mm^3。第四代共轨系统采用压力放大技术后最高喷射压力达到 250MPa,同样采用快速开关压电晶体控制器。

纵观国外高压共轨系统的发展历程,其主要的发展思路是:更高的喷射压力,更加柔性的喷油规律控制,更精确的燃油计量及更低的泵油耗功。

国内从 20 世纪末开始共轨系统的研究工作,现已有多家公司和相关科研院所进行了高压共轨系统的开发研究。无锡威孚公司引进 ECD - U2 系统进行了开发研究,开发的硅钢高速电磁阀应用到电控喷油系统完成了 2000h 的全速全负荷可靠性试验[38],同时进行了涡旋叠片电磁铁的研制[39],开发的涡旋叠片电磁铁能够在脉冲宽度 0.4ms,驱动峰值电流 8 ~ 10A,峰值电流持续期 0.25ms 时稳定工作。无锡油泵油嘴研究所开发的高压共轨电喷系统已装配该市部分公交车,其共轨压力可达 140MPa。

通观国内的研究,大多以引进高压共轨系统进行相应配机研究工作为主,对共轨系统本身的关键技术研究主要集中在第一代和第二代高压共轨燃油喷射技术。无锡油泵油嘴研究所在高压共轨燃油喷射技术研究方面处于国内领先水平,其开发的高压泵的共轨压力达到 140MPa。如果要使国内的高压共轨燃油喷射技术提升到第二代、第三代的技术水平,存在着许多技术上的瓶颈需要突破,其中最主要的两个问题:

(1)高压泵:国内自行研制的高压泵能使共轨系统压力维持在 150MPa 左右,还没有达到国外第二代共轨系统的压力标准;在设计水平、高压密封、材料选择、加工精度等方面存在问题需要解决。

(2)电磁阀:国内开发的电控喷油器主要以螺线管式电磁阀为执行器,响应速度难以满足实现多次喷射的要求;国内生产的压电晶体,暂时无法满足制造喷油器执行器的响应和可靠性要求。

1.3 国内外超高压喷射系统研发现状

本书所述的超高压喷射系统是一种带压力放大装置的共轨系统。为实现超高压力喷射,国内外研究机构有的通过超高压油泵直接产生超高压燃油,而后经过共轨管和高压油管输送给喷油器,实现超高压喷射。如德国 Bosch、美国 DELPHI 及日本 DENSO 公司分别研发了超高压燃油泵,可实现喷射压力高达 200MPa 的超高压燃油[40-41]。但该方法对高压油泵的泵油能力以及系统中各部件(高压油泵、共轨管和喷油器等)的结构强度提出了很高的要求,因此这种方法实现起来非常困难,其原因:①超高压源精密部件的制造需要有先进的加工工艺支撑;②由于整个喷射系统一直承受着高压,高压泵、共轨、喷油器和高压油管等都需要按最高压力标准来设计;③高压油泵的泵油功率消耗大,柴油机经常在低负荷情况下运行,这时喷油量较少,采用较低压力供油,可降低燃油喷射系统消耗的功率,并有利于提高系统工作的可靠性;④即便能够实现超高压喷射,也不能在一次喷射过程中提供可调的多级喷射压力,主喷油率形状近似于矩形,且只能通过喷射压力调节矩形高度,无法进一步改变其形状。为此,需要采用多级增压的途径实现超高喷射。具体方法有采用低基压、高增压比方案(中压共轨系统)或采用高基压、低增压比方案(超高压喷射系统)。高增压比的燃油增压泵在设计和加工上都比较困难,而采用高基压则可实现双压分别供油,有利于改善发动机低负荷的运行经济性。

为了实现全工况优化的目标,除了要求喷油系统具备多次喷射的能力,对主喷油规律形状调节也提出了新的要求。常规高压共轨系统的主喷为方形波,不能改变主喷的形状。为实现喷油规律可调,目前国外高压共轨系统演变出了两种新的形式:第一种为双轨腔共轨系统(Dual Rail CRS),其结构原理如图 1－5 所示;第二种为增强型共轨系统(Intensifier CRS),其结构原理如图 1－6 所示。这两种形式的共轨系统,均可以通过控制高压和控制喷油器的两个电磁阀的控制脉冲时序配合,实现喷油率形状的变化。

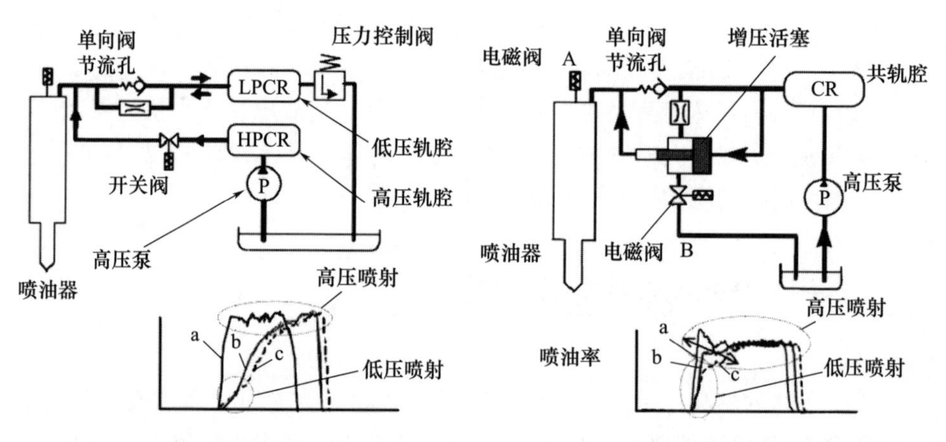

图 1－5　双轨腔共轨系统的结构原理

图 1－6　增强型共轨系统的结构原理

国外开发多级增压共轨系统的代表是德国 Bosch 公司,它开发了两种带有油压增压泵的共轨系统。第一种结构(图 1－7)的特点是:电控喷油器内集成油压增压泵(增压柱塞),喷油器针阀的启闭与传统喷油器工作原理相同。在这种设计概念中,例如,高压油泵在共轨腔中产生 135MPa 的“低压燃油”经过油管到喷油器,喷油压力已被液力增压达到 220MPa 以上。

第二种结构(图 1－8)就是目前 Bosch 公司推出的新型压力增强式电控共轨喷射系统(Pressure Amplifier Common Rail System CRIN4)[42-57]。该系统不但

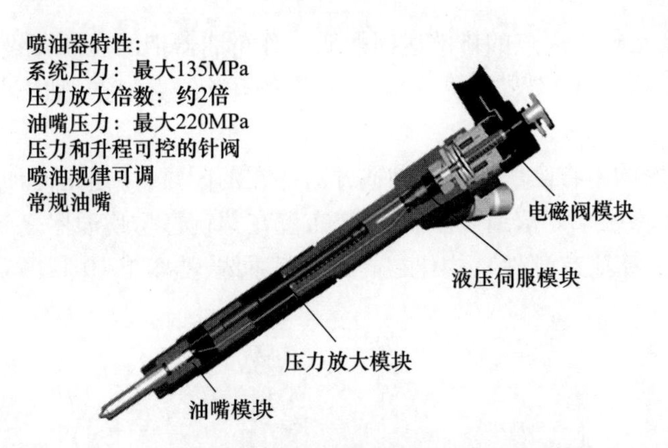

图 1-7 Bosch 用于柴油机的液压放大式喷油器

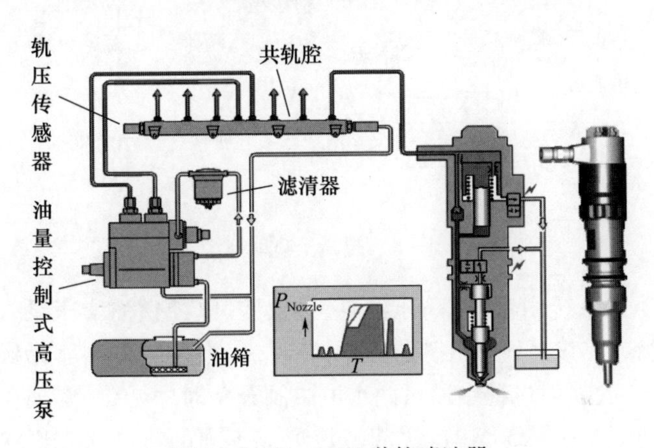

图 1-8 Bosch N4 共轨喷油器

能以较低的共轨压力获得比一般共轨系统高得多的喷油压力,而且除能进行多次预喷射和后喷射外,还能使主喷射的喷油率形状从矩形变化到斜坡形直至靴形,与柴油机的运转工况达到最佳匹配,在宽广的发动机特性曲线范围内显示出明显降低排放和燃油耗的潜力。这种系统具有以下特点:系统中产生压力的功能被分成两级。高压泵作为产生压力的第 1 级,将燃油压缩到 25~90MPa 范围;第 2 级由集成在喷油器中的增压装置,即 1 个阶梯型柱塞,将燃油增压到额定喷油压力 210MPa,而增压装置由其自身的电磁阀来控制。一般共轨系统的轨压较乐观的报告为 180MPa。CRIN4 系统不但能够实现先导喷射、预喷射、主喷射、近后喷射以及远后喷射等多次喷射,而且可通过在喷油器内设置的两个电磁阀控制主喷油率形状,实现三种不同的主喷油率形状(矩形、斜坡形、靴形),而这些特性都是一般的共轨系统所不能实现的,且具有高度柔性控制特性,可使每个运行工况点的排放达到最低。该喷油器把增压装置设置在喷油器内,优点为结构紧凑,安装方便;缺点为油路和电路线路复杂,加工制造困难,工艺水平要求很高。

为了克服国内在高压源设计制造方面存在的困难,立足国内加工工艺水平现状,将电控增压泵移植到喷油器之外,布置在共轨管与喷油器之间(可保留现有高压共轨系统所有部件),构建超高压喷射系统,如图 1-9[58] 所示。

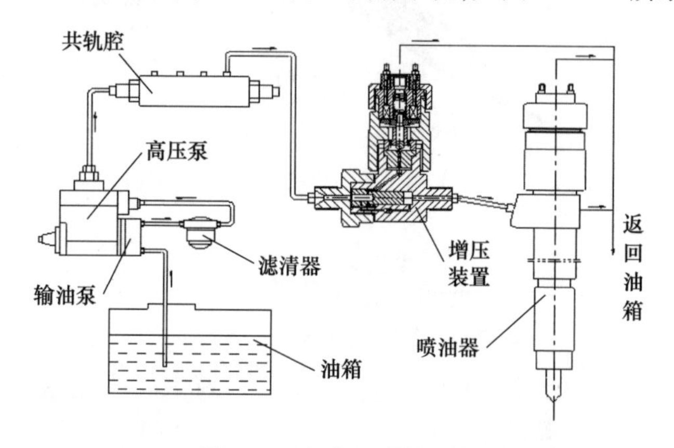

图 1-9 超高压喷射系统

超高压喷射系统由油箱、高压油泵、共轨腔、电控燃油增压泵、燃油管及电控喷油器等组成。该系统采用双电磁阀控制,一个控制喷油器,另一个控制电控增压泵,在一次喷射过程中通过两个电磁阀开关时序变化,实现在基压(共轨压力)和超高压(180~250MPa)之间转换形成不同的喷油速率形状,满足全负荷及部分负荷工况对喷油速率和喷射压力的要求。

1.4 超高压喷射系统的特点及主要优势

由于超高压喷射系统是在保留了现有高压共轨系统的所有部件,从而保留了其所有可调环节的基础之上,通过在电控喷油器与高压共轨之间增加增压装置,实现超高喷射压力与可调主喷油率的,可以说,超高压喷射系统是对现有高压共轨系统的电控特性的拓展和潜力发掘。开展超高压喷射系统研究的意义,不仅在于能够继续深入研究与解决制约现有高压共轨系统技术发展的问题,诸如高压密封、电磁阀高速响应等;更在于能够立足国内加工工艺水平,实现国内电控喷射系统的跨越式发展,达到世界先进水平。

从其结构和工作原理上来看,这种带增压装置的系统配置已经展现了优良的特性,对于开发先进的柴油机方案具有以下优点:

(1)柔性和高液力效率的喷油特性曲线可优化高负荷运转工况的燃油消耗;

(2)轨压力不大于 100MPa 的预喷射和后喷射降低了油束的动量,减小了燃油对气缸工作表面的浸湿及对发动机机油的稀释;

(3)只有将喷油器中少数几个零件承受最高压力,而高压泵、共轨和高压油管最多只需按 100MPa 压力来设计;

(4)柴油机经常在低负荷情况下运行,这时喷油量较少,采用基压供油,可降低燃油喷射系统功率消耗,并有利于提高系统工作的可靠性;

(5)在全负荷工况时转换为超高压喷射,可以保持在喷油持续期基本不变的情况下供给所需的油量以保证高负荷动力性能,改善燃油雾化,并在增大进气压力和气缸内空气密度的情况下,使油束具有足够的贯穿距,有利于保证发动机的高效率运行;

(6)可以在一次喷射过程中,通过调节两个电磁阀控制时序,实现两级喷射压力(由几何尺寸所决定的、固定不变的电控增压泵放大倍数与共轨系统原理所形成的、可自由分级的系统压力相结合,能使增压后的压力覆盖从最低到最高的整个压力范围)和三种喷射率形状(矩形、斜坡形、靴形),有利于柴油机全工况优化运行。

本书着重围绕超高压喷射系统中关于轨压控制、增压压力振荡现象、新型电控增压泵控制原理、结构参数优化、喷油性能测试、高速强力电磁阀驱动电路设计、电控单元开发及系统配机试验问题等方面的研究成果展开讨论。

共轨压力控制技术

高压或超高压喷射，喷射压力、喷油定时和喷油量的灵活控制，喷油率控制以及预喷射、分段喷射、多次喷射和快速停油等措施是燃油系统改善柴油机综合性能的主要技术途径。高压共轨系统被认为是综合实现上述多种途径的一种最佳形式。动态共轨压力（以下简称轨压）稳定性直接影响到喷射系统理想喷油规律的实现，目前尚不能完全抑制。

2.1 共轨压力控制原理

综合国内外的情况，轨压的控制主要采用高压油泵进油量控制和共轨管溢流控制方式两种方式。其中溢流方式，需要高压油泵提供过量的高压燃油，这必然增加不必要的高压油泵功率消耗。调节高压油泵进油量方式，通过精确平衡进出共轨管的燃油量来实现轨压的稳定性控制，可以极大地减小高压油的泄流量，大大节省高压油泵的功耗，极具研究开发的意义。调节进油量方式又可分为柱塞有效吸油行程控制方式、柱塞有效压油行程控制方式以及基于进油比例控制方式。

2.1.1 高压共轨系统组成

高压共轨系统由输油泵、滤清器、高压泵、共轨管、限流器、溢流阀、喷油器、电控单元(ECU)、各种传感器、执行器(PCV 阀)等组成，系统构成如图 2-1 所示。

如图 2-1 所示，高压共轨系统的工作过程可描述为：输油泵和高压泵采用同轴驱动，从输油泵输出的低压燃油(0.2 ~ 0.5MPa)，由滤清器过滤掉杂质和水分后，经高压泵进油单向阀进入高压泵柱塞腔，高压泵将燃油增压后，经过出油单向阀和高压油管进入共轨管。共轨管内的燃油再经限流器进入喷油器，由喷油器电磁阀控制其喷油正时和喷油持续时间。

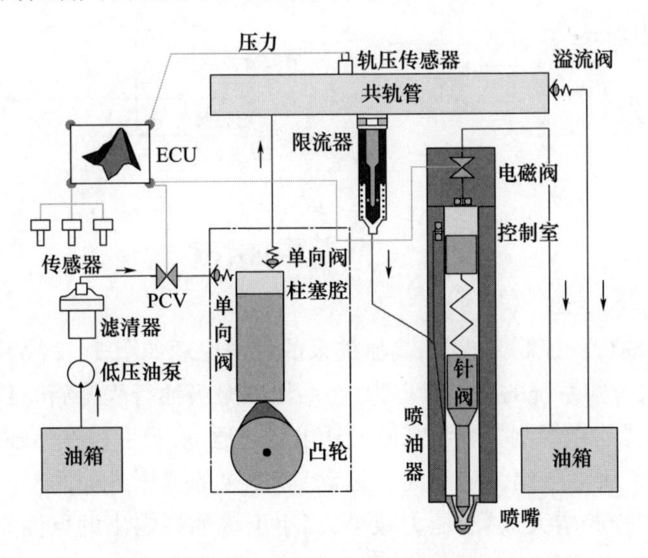

图 2－1　高压共轨系统构成

高压油泵中的泵控制阀(PCV)中的电磁阀和喷油器电磁阀的通电时刻及通电持续时间由 ECU 控制，控制过程主要是 ECU 根据各种传感器的信号，判断柴油机的工作状态，确定需要的轨压、油泵供油量、喷油量、是否预喷射、喷射正时等，然后向电磁阀发送指令，完成对轨压及喷油过程的精确控制。共轨管上轨压传感器用于实现对轨压的实时监测，完成轨压的闭环控制。共轨管上溢流阀相当于安全阀，它的作用是限制共轨管中的压力不超过其额定压力。而当单次喷油超过一定的量，限流器就会封闭通往相关喷油器的燃油管。

2.1.2　吸油行程控制原理

压油行程控制方式的泵控制阀，如图 2－2(a)所示。它由进油单向阀 B、出油单向阀 C 和电磁阀组成。

进油单向阀 B 安装在高压油泵的进口与电磁阀之间，它的主要作用是防止柱塞压油时燃油倒流入低压油路和电磁阀腔。出油单向阀 C 装在高压油泵的出口，它的主要作用是防止共轨管内的燃油倒流进油泵柱塞腔。出油单向阀弹簧有一定的预压缩量，即使轨压为零，高压油泵柱塞腔内的燃油也只有达到一定的压力才可以出油。弹簧的预紧力稍大于输油泵的输出压力，一般为 0.5～1MPa。

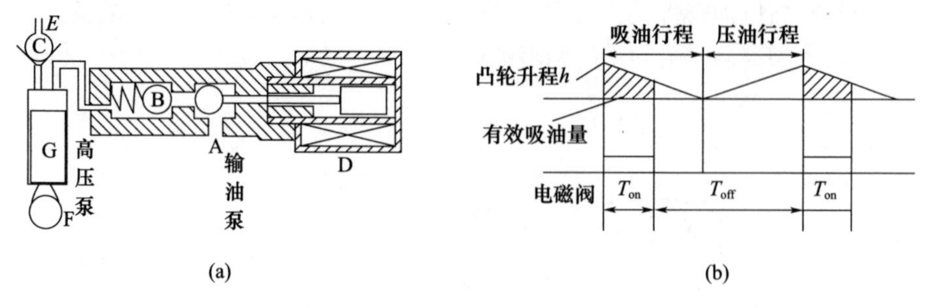

图 2 – 2　压油行程控制方式

(a)泵控制阀结构示意图;(b)供油原理。

采用吸油行程控制方式时,高压油泵的供油原理如图 2 – 2(b)所示。结合图 2 – 2(a),可知系统的工作过程为:在高压油泵吸油行程开始时刻(偏心凸轮的上止点位置),微控制器发出高脉冲让电磁阀通电,吸力板在燃油压力和电磁力的作用下克服电磁阀弹簧力向右运动,高压泵的低压进油路打开;同时柱塞下行,柱塞工作腔增大,燃油压力减小,当小于输油泵输出的燃油压力时,克服进油单向阀 B 的弹簧力,进油单向阀 B 打开。燃油经输油泵和滤清器从低压油路流经进油单向阀 B 进入柱塞腔。一旦柱塞腔内的燃油量达到共轨管需要的量,微控制器给出的高脉冲立即变低让电磁阀断电,吸力板在电磁阀弹簧预紧力作用下落座,低压进油路被断开。柱塞腔就变成密闭容积,随着凸轮的转动,柱塞进一步下行,柱塞腔内压力进一步降低。当柱塞升程到达最小值后,凸轮继续转动,柱塞反转上行,柱塞腔容积逐渐变小,开始压缩适量燃油,当燃油的压力超过出油单向阀 C 弹簧力和背压之和时,出油单向阀 C 打开,燃油从柱塞腔进入高压油管,再进入共轨管。当柱塞升程到达最大值时,又转入下一次的吸油过程。

综上所述,输油泵输出的燃油是经过泵控制阀后进入柱塞腔,再压入共轨管的。流入柱塞腔的燃油流量大小是由电磁阀的开启时间长短决定的,而电磁阀的开启时刻及持续时间是由脉冲信号控制的。所以,可以通过控制脉冲信号的发生时刻及其宽度来控制流入柱塞腔内的燃油流量,即控制进入共轨管的燃油量,从而使轨压能够以很高的精度和较快的响应维持稳定。

吸油行程控制方式的特点为:

(1)在吸油行程过程中,一旦柱塞腔内的燃油量达到共轨管需要的量,电磁阀立即断电把低压油路断开,柱塞腔就变成密闭容积,随着凸轮的转动,柱塞进一步下行,柱塞腔内压力进一步降低,这时会出现一段吸真空行程,由压力下降过快会导致气穴产生;

(2)在压油行程,由于柱塞腔内的燃油未满,会出现一段空压行程;

(3)如果在电磁阀关断低压油路后,高压油泵出现泄漏等情况,那么实际向共轨管供给的燃油量要小于理想的应供油量。在泄漏量不能知道确切值的情况下,很难对轨压进行精确的控制。

2.1.3　压油行程控制原理

压油行程控制方式的泵控制阀,如图 2 - 3 所示。它由进油单向阀 B、出油单向阀 C 和电磁阀 D 组成。

采用吸油行程控制方式时,高压油泵的供油原理如图 2 -4 所示。结合图 2 - 3,可知系统的工作过程为:高压油泵在吸油行程柱塞下行,柱塞工作腔增大,燃油压力减小,当小于输油泵输出的燃油压力时,克服进油单向阀 B 的弹簧力,进油单向阀 B 打开,燃油经输油泵和滤清器从低压油路流过进油单向阀 B 进入柱塞腔。在压油行程开始时刻,微控制器发出高脉冲开启电磁阀 D,顶开进油单向阀 B,再次打开低压油路,柱塞将过量的(经微控制器计算)低压燃油压回低压油箱。一旦柱塞腔内的剩余燃油量为共轨管需要的量时,微控制器给出的高脉冲立即变低让电磁阀 D 关闭,进油单向阀 B 也随之关闭,低压回路被切断,柱塞腔变成密闭容积。随着凸轮的转动,柱塞工作腔逐渐变小,剩余的适量低压燃油被压缩,腔内压力升高,当燃油的压力超过出油单向阀 C 弹簧力和背压之和时,出油单向阀 C 打开,燃油从柱塞腔进入高压油管,再进入共轨管。共轨管将高压泵提供的高压燃油分配到各电控喷油器中。当柱塞升程到达最大值后,凸轮继续转动,柱塞腔逐渐变大,燃油压力下降,出油单向阀 C 关闭,又转入下一次吸油过程。

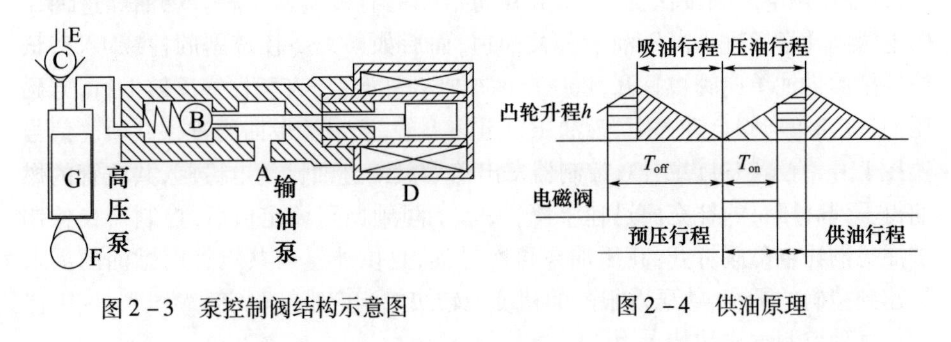

图 2 - 3　泵控制阀结构示意图　　图 2 - 4　供油原理

综上所述,高油泵压回燃油是由电磁阀开启实现的,而压回的低压燃油量的大小是由电磁阀开启持续时间决定的,而电磁阀的开启时刻及开启持续时间是由脉冲信号发生时刻及其宽度控制的。这样就可以通过控制脉冲信号的发生时刻及其宽度来控制柱塞压回低压油箱的低压燃油量,从而达到实时精确控制轨压的目的。

这种控制方式的特点为:

(1)在吸油过程中,柱塞泵会过量地吸入低压燃油,但由于吸入的低压燃油为输油泵供给,所以并不会增加高压油泵功率消耗;

(2)与吸油行程控制方式相比,这种控制方式在吸油行程中不会出现吸真空行程及气蚀现象;

(3)与吸油行程控制方式相比,这种控制方式在压油行程中不会出现空压现象;

(4)高压油泵的泄漏等不会对轨压控制产生影响。

对比吸油行程控制方式和压油行程控制方式的特点,本书仅针对压油行程控制方式展开研究。

2.1.4 基于进油比例控制方式的控制原理

吸油行程控制方式或压油行程控制方式要求电磁阀的响应速度特别高(10^{-4}s级),以保证电磁阀打开或关闭的时间点精确对应于柱塞行程。为提高电磁阀的响应速度,只能减小其流通截面积($10^{-6}mm^2$级)。因此,每个柱塞副必须单独匹配一个进油高速电磁阀,系统非常复杂。为解决这一突出矛盾,本书针对基于进油比例控制方式的轨压控制进行了仿真研究,该系统构成如图2-5所示,进油比例控制阀的工作过程如图2-6所示。

当共轨管需要供油且进油比例电磁阀两端压差为正时,控制器发出控制信号,进油比例电磁阀按比例打开,并保持恰当的有效流通面积。燃油经进油比例电磁阀计量后进入高压油泵公共油道,而后如果某一柱塞副的柱塞下行,该柱塞副的进油单向阀被打开,低压燃油被吸入柱塞腔,直至柱塞反转上行,开始压油,进油单向阀自动关闭,燃油压力迅速上升,经出油单向阀进入共轨管。当轨压上升,直至超过设定值,控制器发出信号关闭进油比例电磁阀,共轨管内燃油得不到高压泵的补充而迅速下降,一旦下降到低于设定值后,控制器又控制进油比例让电磁阀打开,高压油泵再次供油,且供油量与共轨管内燃油的需求量达到精确的平衡,轨压以很高的精度与较快的响应维持稳定。

这种控制方式的特点为:

(1)这种控制方式不需要针对柱塞行程进行进油或压油量的精确控制,只控制泵的总进油量,对电磁阀的响应特性要求相对较低。

(2)如果共轨管需求油量较小,则比例电磁阀开度也会相应减小,导致某些柱塞副在吸油行程过程中吸不满油;随着凸轮的转动,柱塞进一步下行,柱塞腔内压力进一步降低,这时会出现一段吸真空行程,由于压力下降过快产生气穴。

(3)在压油行程过程中,由于柱塞腔内的燃油未满,会出现一段空压行程。

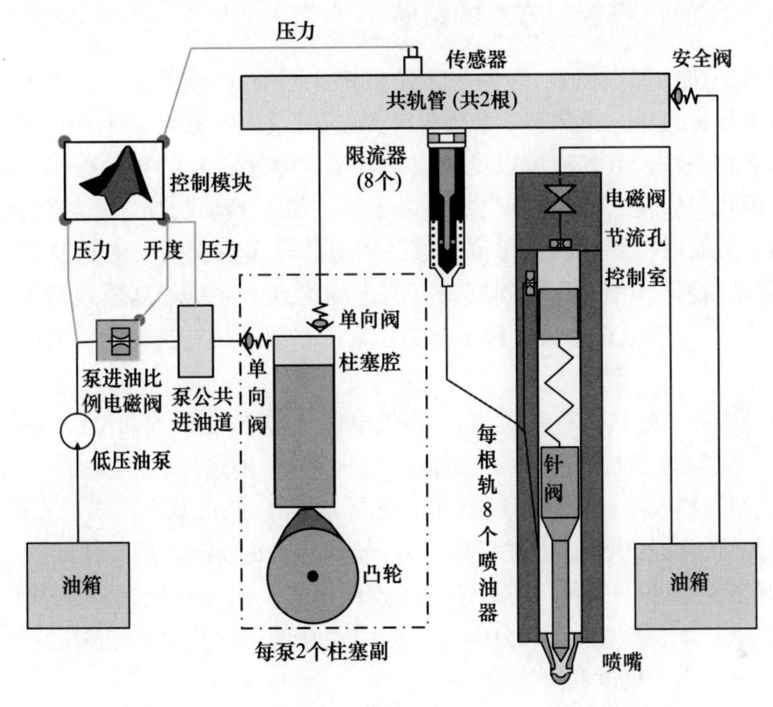

图 2-5　基于进油比例控制阀的高压共轨系统构成

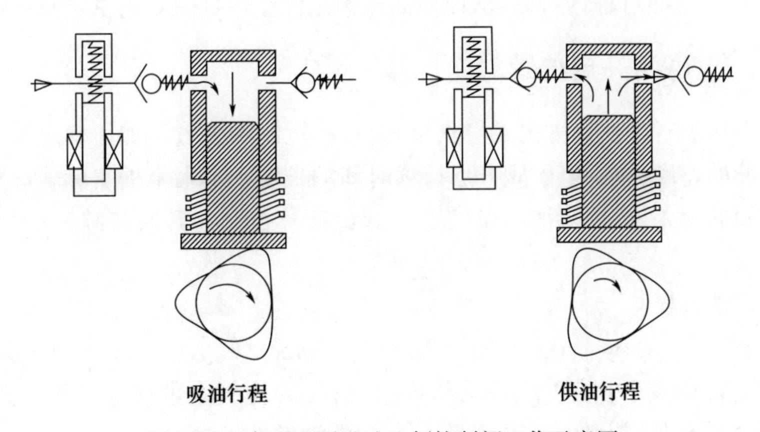

图 2-6　高压油泵进油比例控制阀工作示意图

2.2 压油行程控制方式仿真计算

2.2.1 压油行程控制方式的策略

在柴油机的起动阶段,为实现柴油机快速起动,必须迅速建立燃油压力并达到起动目标轨压。由2.1.3节分析可知,这时不让电磁阀D工作可使高压油泵向共轨管内注入最大油量以迅速建立轨压。电磁阀D的这种控制方式被称为起动模式,是一种开环控制模式。由于柴油机在起动初期的拖转转速较低,控制器未能及时检测到凸轮相位信号并按照凸轮相位驱动电磁阀D工作。所以,在起动阶段,这种开环控制模式有突出的优点。一旦控制器判别出油泵凸轮的精确相位,即可根据目标轨压与实际轨压之间的偏差选择相应的轨压控制模式。

本书中采用的轨压控制模式有:预供模式、稳态控制模式和停供模式。

(1)若偏差(目标轨压-实际轨压)大于3MPa,则选择预供模式。在预供模式中,控制器以较小的持续角度驱动电磁阀D打开,从而减小高压油泵的回油、加大向共轨管内的供油,以迅速减小实际轨压与目标轨压之间的偏差。

(2)若偏差小于3MPa,则选择稳态控制模式。稳态控制模式采用Fuzzy-PID算法,其中比例增益与积分增益根据偏差及偏差变化率的范围进行分段选择,以获得更高的精度和更快的响应。

(3)若偏差大于3MPa,则选择停供模式。在停供模式中,控制器驱动电磁阀D在整个压油行程内打开,从而使高压油泵停止向共轨管内供给高压燃油。

2.2.2 电磁阀开启持续时间计算

由对压油行程控制方式的分析可知,轨压控制的关键是如何确定微控制器所给脉冲的宽度,也即电磁阀开启持续时间的长度。本书根据实际轨压与目标轨压之间的偏差,运用流体力学的相关理论计算控制阀开启持续时间,具体方程式如下。

连续性方程:

$$Q_{\text{sho}} = V_{\text{cr}} \cdot K_{\text{p}} \cdot (p_{\text{obj}} - p_{\text{rea}}) / E_{\text{fuel}} \tag{2-1}$$

式中:Q_{sho}为共轨管中应供燃油的体积流量;K_{p}为比例系数;p_{obj}为目标轨压值;p_{rea}为实际轨压值;V_{cr}为共轨管容积;E_{fuel}为燃油弹性模量。

伯努利(Bernoulli)方程：

$$Q_{\text{used}}=\frac{\mu\cdot A_{\text{inj}}\sqrt{\dfrac{2(p_{\text{rea}}-p_{\text{cly}})}{\rho}}}{v_{\text{cam}}} \tag{2-2}$$

式中：Q_{used}为供油期内由于泄漏、喷油等引起的应供燃油的体积流量；A 为泄漏面积或喷嘴截面积；μ 为流量系数；p_{cly}为泄漏端或汽缸压力；ρ 为燃油密度；v_{cam}为凸轮转速。

高压油泵应回油量与应供油量关系式：

$$\pi r_{\text{plu}}{}^2 h_{\text{cam}}=10\pi r_{\text{plu}}{}^2-Q_{\text{sho}}-Q_{\text{used}} \tag{2-3}$$

式中：r_{plu}为柱塞半径；h_{cam}为高压油泵回油量对应的凸轮升程。

凸轮升程与转角关系式(由具体的凸轮型线，此处仅以某偏心凸轮为例)：

$$h_{\text{cam}}{}^2+2(r_{\text{cam}}-d_{\text{off}}+d_{\text{off}}\cos\alpha)h_{\text{cam}}+2d_{\text{off}}(r_{\text{cam}}-d_{\text{off}})(\cos\alpha-1)=0 \tag{2-4}$$

时间与转角、转速关系为

$$T_{\text{pwm}}=0.1667\alpha/v_{\text{cam}} \tag{2-5}$$

式中：r_{cam}为偏心凸轮的半径；d_{off}为偏心距；α 为泄油量对应的凸轮转角；T_{pwm}为泄油量对应的凸轮运动时间，亦即 PWM 脉冲宽度；v_{cam}为凸轮转速。

利用 Simulink 软件可建立泵控制阀中的电磁阀开启持续时间计算子模块，如图 2-7 所示。

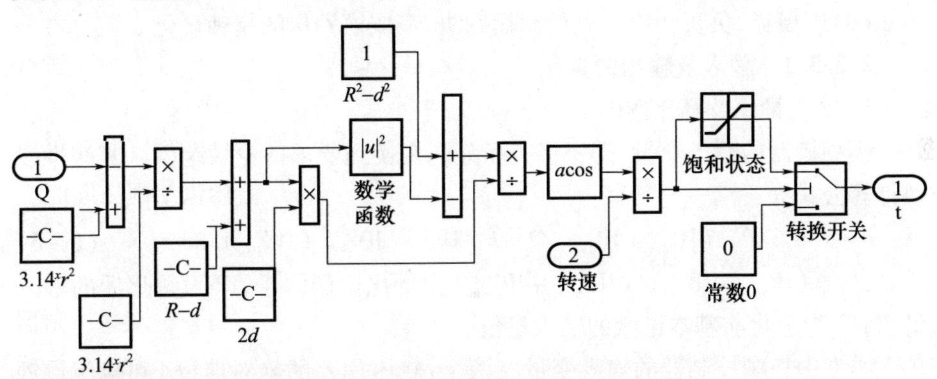

图 2-7　泵控制阀开启时间计算子模块

2.2.3　Fuzzy-PID 控制器的设计

由 2.2.2 节的分析研究已经可以计算出电磁阀的开启持续时间，对轨压进行控制了。但考虑到柴油机较强的非线性、时延性与时变性的特点，应采用更为先进的控制算法，如 Fuzzy-PID 控制。典型的 Fuzzy-PID 控制器结构如图 2－8 所示。

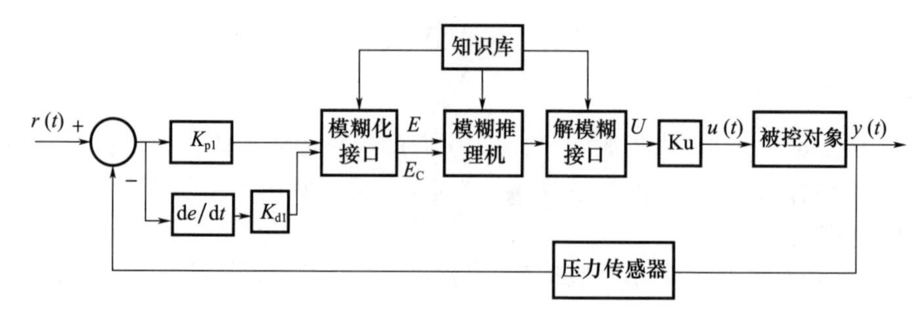

图 2－8　Fuzzy－PID 控制器控制框图

由图 2－8 可见，系统中首先引入增益 K_{p1} 和 K_{d1} 分别对误差信号 $e(t)$ 及其变化率信号 $de(t)/dt$ 进行规范处理，使其值域范围与模糊变量的论域吻合，然后对这两个信号模糊化后得出的信号(E,E_C)进行模糊推理，并将得出的模糊量进行解模糊，得出精确变量 U，规范化增益 Ku 后就得出控制信号 $u(t)$。可见，模糊控制器必须包括以下三个部分。

(1)模糊化，负责把语言变量的语言值转化为某适合论域上的模糊子集；

(2)模糊推理，由 Fuzzy 条件语句构成的 Fuzzy 控制规则，计算出输入量与输出量的模糊关系；

(3)解模糊，负责输出信息的模糊判决，完成模糊量的精确量化。

2.2.3.1　输入及输出的量化

1. 输入量化及其比例因子

模糊控制的输入变量，需要将实际范围变换到要求的论域范围。其线性变换计算公式为

$$IP = (IP_{min} + IP_{max})/2 + k_e[IP' - (IP'_{max} + IP'_{min})/2] \tag{2-6}$$

式中：$k_e = (IP_{max} - IP_{min})/(IP'_{max} - IP'_{min})$ 为量化比例因子；IP 为量化后的输入量值；IP′为量化前基本论域的输入量值。

本书中模糊控制器的输入变量有两个：轨压偏差的绝对值 $|E|$ 和轨压偏差变化率的绝对值 $|E_C|$。取输入语言的基本论域为 $|E'| = [0,6]$，如果大于 6，取值为 6。量化后的模糊论域为 $|E| = [0,6]$，可求得 $K_{p1} = 6/6 = 1$。对轨压偏差变化率进行同样处理，并求得 $K_{d1} = 1$。

2. 输出量化及其比例因子

模糊控制器的输出即 K_p、K_i、K_d 的基本论域分别取为[0,15]，[0,6]，[0,8]，对应的量化论域同样取为 $U = [0,6]$，则可得比例因子 $Kpu = 15/6 = 2.5$，

$Kiu = 6/6 = 1$，$Kdu = 8/6 = 1.33$。

3. 输入输出语言变量的模糊子集及其对应的隶属度函数

在模糊控制规则中，前提的语言变量构成了模糊输入空间，结论的语言变量构成了模糊输出空间，每个言语变量对应论域中的一个模糊子集。对于输入输出论域所取的模糊语言值的个数实际上就是对输入、输出空间的模糊分割，即定义了语言变量的等级。

本书中输入空间$|E|$、$|E_C|$均取 7 个语言变量：$|E|$ = {NB NM NS ZE PS PM PB }，也即$|E|$ = {1 2 3 4 5 6}；同样，$|E_C|$ = {NB NM NS ZE PS PM PB} = {0 1 2 3 4 5 6}。根据输入$|E'|$、$|E'_C|$量化后所得到的论域，并取 7 段三角形隶属度函数，可实现输入空间的模糊分割。

2.2.3.2　确定模糊规则并实现对 PID 参数自整定的模糊推理

1. 确定模糊规则表

在定义了输入输出空间的模糊论域及各语言变量的模糊子集后，根据 PID 参数整定规律，便可分别求出整定 K_p、K_i、K_d的模糊控制规则，见表 2 - 1。PID 参数整定规律为[59]：

(1)当存在较大偏差$|E|$时，为加快响应速度应取大的 K_p；

(2)为防止微分和应取较小的 K_d，为防止积分饱和应取较小 K_i；

(3)当存在较大偏差变化率$|E_C|$时，为防止微分饱和应取较小的 K_d；

(4)$|E_C|$较小时，应取较大的 K_d；当偏差$|E|$存在增大趋势时，为消除系统误差应适当增大 K_p和 K_i；而当$|E|$存在减小趋势时，为防止系统超调过头应适当减小 K_p和 K_i。

表 2 - 1　模糊控制规则

		$e(t)$		
		K_p	K_i	K_d
		NBNM NS ZE PS PM PB	NB NM NS ZE PS PM PB	NB NM NS ZE PS PM PB
$de(t)/dt$	NB	NM ZE PS ZE PS PS PM	PS PS PS ZE NS NS NM	PS PS PM ZE NS NS NM
	NM	NS ZE PS PS PS PS PM	PS PS PS ZE NS NS NM	PS PS PM ZE NS NS NM
	NS	NS ZE PM PS PS PS PM	PS PS PS ZE NS NS NM	PS PS PM ZE NS NS NM
	ZE	ZE ZE ZE PS PS PS PM	PS PS PS ZE NS NS NM	PS PS PM ZE NS NS NM
	PS	PS PS PM PS PS PS PM	PM PM PM ZE NS NS NM	PM PM PM ZE NS NS NM
	PM	PS PS PM PS PS PS PM	PM PM PM ZE NS NS NM	PM PM PM ZE NS NS NM
	PB	PS PS PM PS PS PS PM	PM PM PM ZE NS NS NM	PM PM PM ZE NS NS NM

2. 模糊推理结构分析

对 PID 参数自整定的模糊推理是由一个模糊推理机制实现的，其推理规则基本形式为

$$\mathrm{Ru} = \{\mathrm{Ru}_1, \cdots, \mathrm{Ru}_i, \cdots, \mathrm{Ru}_n\} \tag{2-7}$$

式中：第 i 条规则为 Ru_i，其表示：如果（$|E|$ 是 A_i 且 $|Ec|$ 是 B_i），则（K_p 是 C_i，K_i 是 D_i，K_d 是 E_i）。

2.2.3.3 输出量的模糊判决

模糊控制器的输出是一个模糊集合，反映了控制语言的不同取值的组合，但被控过程只能接受一个控制量。这就需要从输出的模糊集合中判决出一个精确的控制量，常用的方法有最大隶属度法、取中位数法和质心（加权平均）法。

加权平均法（Centriod）即针对论域中的每个元素 $y_i(i=1,2,\cdots,n)$，以它本身为待判决输出模糊集合 U 的隶属度 μ_U 的加权系数，按式（2-6）计算出精确的数字量。经过运算，分别得出 K_p、K_i、K_d 的实时查询表。

$$y = \frac{\sum_{i=1}^{n} y_i \mu_U(y_i)}{\sum_{i=1}^{n} \mu_U(y_i)} \tag{2-8}$$

根据以上理论设计，本文用 Matlab 的 FIS（模糊推理）编辑器生成推理机制后，根据图 2-8 所示的模糊控制器控制框图，结合 Simulink 建立起 Fuzzy-PID 控制模块如图 2-9 所示。

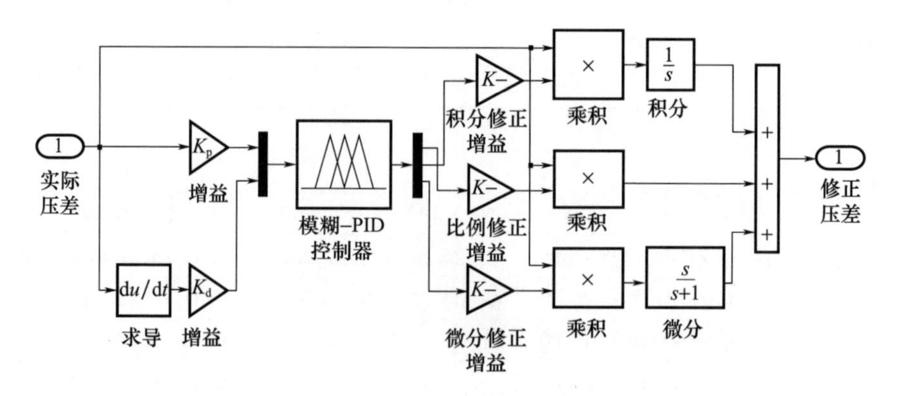

图 2-9　Fuzzy-PID 控制子模块

结合轨压的模糊-PID 控制子模块及电磁阀开启时间计算子模块，建立起基于压油行程控制方式的 Matlab Simulink 轨压控制总成，如图 2-10 所示。

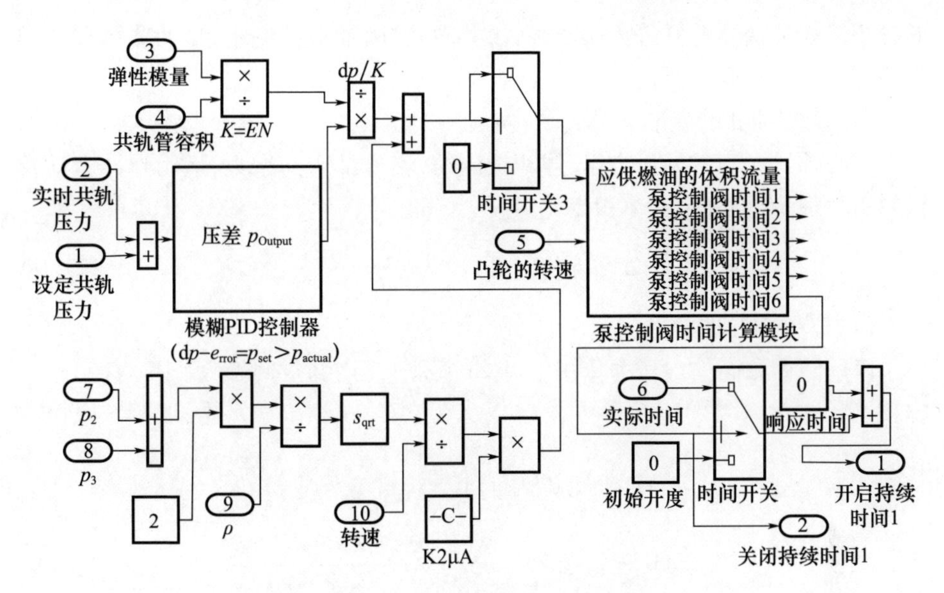

图 2－10　Matlab/Simulink 轨压控制总成

2.2.4　轨压控制仿真模型

1. 建模假设

由于实际高压共轨系统的复杂性,计算时考虑所有实际因素是不可能的,也没有必要。根据高压共轨燃油喷射系统的特点和模拟计算精度要求,作如下假定:

(1)在一次喷油过程中,燃油的温度不变[60]。

(2)燃油的黏度、密度和弹性模量取为全局变量。

(3)与流体压缩性相比,管壁弹性忽略[61]。

(4)燃油在各容积中的状态变化瞬时达到平衡,同一集中容积内的同一瞬时燃油压力、密度处处相等[62]。

(5)不考虑平面密封和锥面密封处因加工问题造成的泄漏,只考虑圆柱运动副的泄漏及其对于各腔压力的影响[60]。

(6)不考虑截面突变产生的流动损失[63]。

(7)管内燃油为一维非定常紊流流动[64－65]。

2. 关键参数的建模考量

在高压共轨系统中,轨压可高达 150 ~ 180MPa,可使零件或容积产生变形,从而对压力计算产生影响。本系统中的容积,大致可分为实心轴针和厚壁圆筒形容积。如喷油器针阀等为实心轴针,共轨管、喷油器控制室、喷油器体和针阀腔等可被认为是厚壁圆筒。

(1)实心轴针的变形。

实心铀针在高的外压力下,体积被压缩,使外部空间增大,运用弹性力学及材料力学理论,可确定其体积变化为

$$\Delta V_{yt} = V_{yt} \times \Delta p \times \frac{(1-2\gamma)\times 3}{E} \tag{2-9}$$

(2)厚壁圆筒的变形。

厚壁圆筒在高的内压力作用下,体积膨胀,使内部空间增大。其内径 $r_{内}$ 和容积 V 的变化为[66-68]:

$$\Delta r = \Delta p_{yt} \times \frac{r_{内}}{E} \times \left(\frac{{r_{外}}^2 + {r_{内}}^2}{{r_{外}}^2 - {r_{内}}^2} + \gamma\right) \tag{2-10}$$

$$\Delta V_{yt} = \Delta p_{yt} \times V_{yt} \times \frac{(1-2\gamma)\times 3 \times {r_{内}}^2}{E\times({r_{外}}^2 - {r_{内}}^2)} \tag{2-11}$$

式中:E 为材料弹性模量,对钢材料 $E=210\text{GPa}$;γ 为材料泊松比,对钢材料 $\gamma=0.3$;$r_{内}$ 为厚壁圆筒内径;$r_{外}$ 为厚壁圆筒外径;V_{yt} 为厚壁圆筒容积;ΔV_{yt} 为厚壁圆筒容积变化;Δp_{yt} 为厚壁圆筒内部压力变化。

假设轨压偏差为 -5MPa,将某共轨管的体积 $V_{cr}=137833\text{mm}$、内径 $r_{内}=15\text{mm}$、外径 $r_{外}=37.5\text{mm}$ 代入,可计算出轨压 100MPa 时的应供油量约为 344.5mm^3。根据式(2-11),可计算出由于轨压波动引起的共轨管容积变化约为 0.75mm^3。可见,厚壁圆筒的变形引起的共轨管容积变化,对于轨压控制而言可以忽略。也就是说,在轨压计算中,与流体压缩性相比,管壁弹性可以被忽略。

在建立了 Matlab/Simulink 轨压控制总成的基础上,根据高压共轨系统构成(图 2-1)建立高压共轨系统的 Fuzzy-PID 控制仿真模型,如图 2-11 所示。

整个模型包括高压油泵模型、共轨管模型、喷油器模型、Matlab/Simulink 轨压控制模型等。其中,高压油泵模型主要由产生高压的凸轮组、柱塞组、出油阀组、泵控制阀组、输出油管和压力边界组成。共轨管模型主要包括分段的共轨管及溢流阀等。喷油器模型主要包括喷嘴组、针阀组、油管、节流阀、压力边界等。

2.2.5 共轨压力控制仿真分析

在凸轮转速 1000r/min 时,各压力段共轨管内油压波动情况如图 2-12 所示。凸轮转速改变为 750r/min 和 1150r/min 时轨压波动情况如图 2-13 所示。

由图 2－12 和图 2－13 可知，其他因素不变的情况下，压力波动振幅随着目标压力的增大而略有增大；轨压目标值不变，随着转速的增大，在目标值上下压力波动的幅度并没有显著改变；在各压力段及各种转速下，轨压波动基本上能控制在目标值上下 3% 的范围内。可见控制程序能够满足各压力段轨压调节的需要，调节范围广且有效。

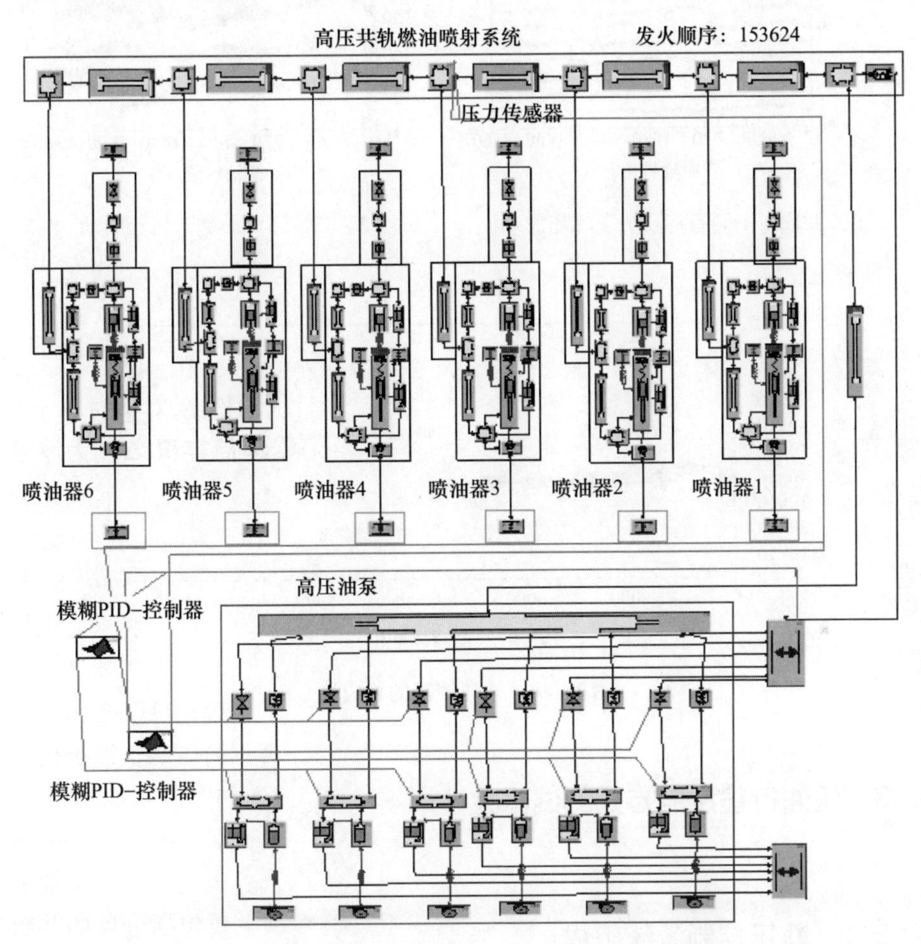

图 2－11 高压共轨系统的 Fuzzy－PID 控制仿真模型

在仿真中改变目标压力，实际轨压的跟随性及波动情况如图 2－14 所示。由图 2－14 可以看出，系统能够迅速建立“起动目标轨压”并稳定住，满足起动工况下对轨压调节的需要；当改变目标压力时，实际轨压迅速跟随目标压力变化，一旦达到目标压力后能够迅速稳定。

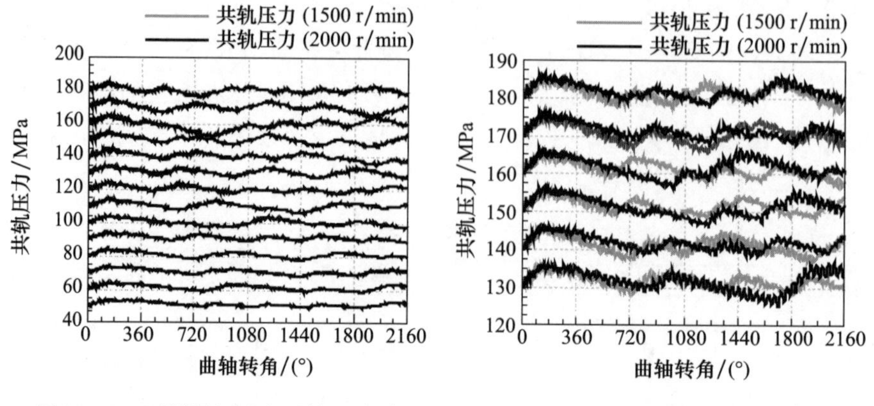

图 2－12　不同目标压力下轨压波动　　　　图 2－13　不同转速下轨压波动

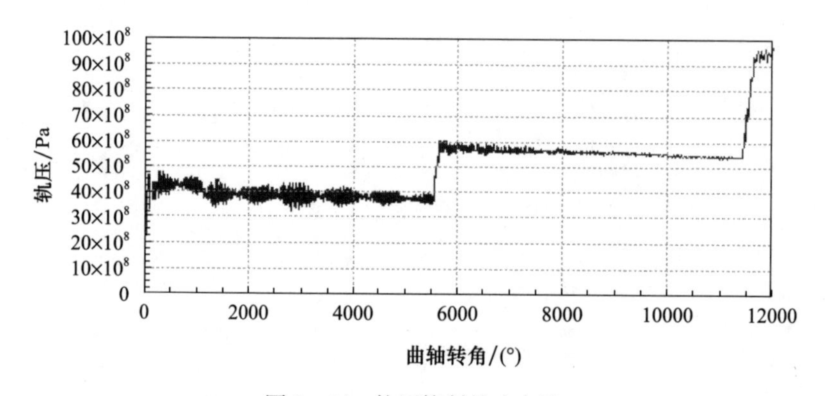

图 2－14　轨压控制的响应性

2.3　压油行程控制方式的试验验证

2.3.1　轨压控制系统组成

利用微控制器及其外围接口电路产生脉冲宽度调制(PWM)波，并通过PWM波控制电磁阀的高低压驱动电路，从而实现对泵控制阀开关时间的调节及动态响应的优化，即调节高压油泵的压油量，达到对共轨压力实时控制的目的。轨压控制系统硬件构成如图 2－15 所示，轨压控制系统的试验台架如图 2－16 所示，泵控制阀安装如图 2－17 所示。

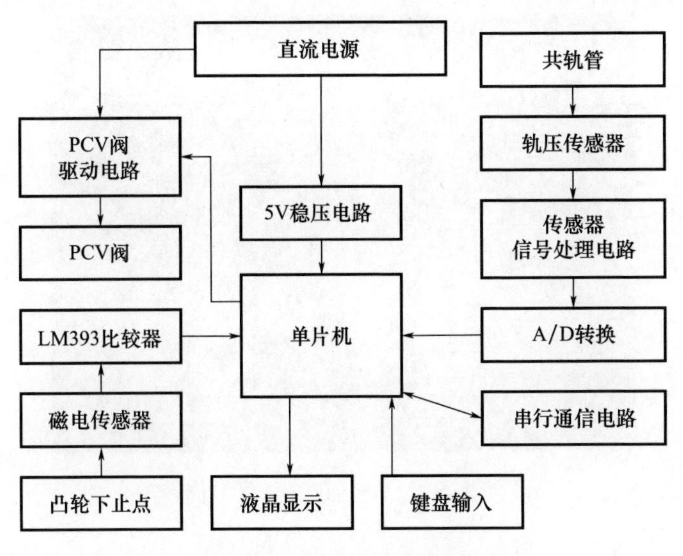

图 2－15 控制系统硬件构成

图2－15 中,压力传感器测得的实际共轨压力模拟信号经放大后,由 ADC0804 芯片将其转换成数字信号并输入微控制器进行 PWM 波的脉宽计算;安装在对应于凸轮轴下止点的磁电式传感器信号经 LM393 芯片构成的电路转换成 +5V 的方波信号输入微控制器,控制微控制器的 I/O 口输出 PWM 波的时刻,实现对泵控制阀开关时间的调节,达到对共轨压力的实时控制的目标。

图 2－16 轨压控制试验台架

图 2-17　高压油泵及泵控制阀

2.3.2　轨压控制系统的软件设计

常用的编程语言有两种：一种是汇编语言；另一种是 C 语言。汇编语言的机器代码生成效率很高但可读性并不强，C 语言机器代码生成效率和汇编语言相当，但可读性和可移植性远远超过汇编语言，且开发周期短很多。基于 Keil-C51 语言的轨压控制软件编写流程，见图 2-18。

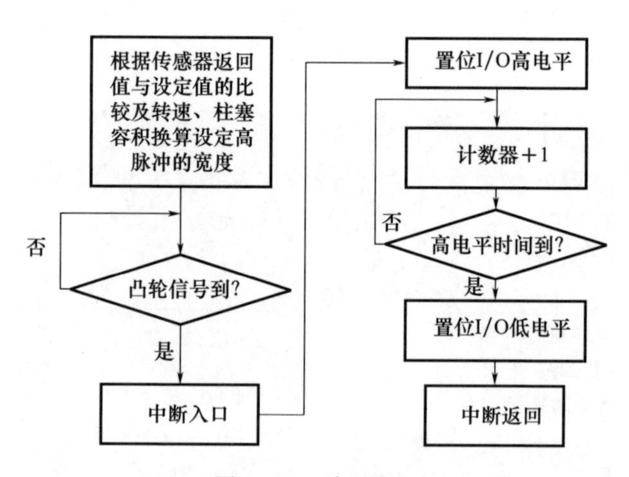

图 2-18　编程流程

整个软件系统由初始化程序、A/D 转换程序、键盘检测并设定共轨压力程序、凸轮方波信号检测程序、1602 液晶显示共轨压力程序及脉冲宽度的 PID 计算程序、PWM 波发生程序、定时器中断程序、串口通信程序及看门狗抗干扰程序等模块组成。其中脉冲宽度的 PID 计算程序及 PWM 波发生程序是泵控制阀工作的核心。

1. 脉冲宽度的 PID 计算程序

计算时 p_1 为通过矩阵键盘设定的已知值，p_2 为压力传感器实测共轨压力值经过放大和 A/D 转换后输入微控制器的实际值，E 的无量纲值通常根据轨压确定，V 为已知的共轨腔容积，取适当的 K_p 值，根据式(2-1)~式(2-5)，采用 PID 算法计算出泵控制阀应该的开启持续时间 T，即驱动电路控制脉冲宽度。

一方面，由于电磁阀工作对最短工作时间(控制脉冲的最小宽度)是有要求的，而且当控制脉冲宽度很小时，对流量精确控制的难度将加大，最终影响轨压控制的效果，所以对 T 有最小值的限制；另一方面，电磁阀开启的持续时间不能超过整个压油行程的时间，所以对 T 还有最大值的限制。

具体程序如下。

```
float fatime()     /* 电磁阀开启持续时间计算 */
{  float yacha,time0,E0,E1,E,Q,V,K,v,xyl,a,a1;/* 定义变量 */
     ……;
    {……;/* 根据 2.5.1 ~2.5.10 并调用目标轨压设定程序与实际轨压采集程序计算
          出电磁阀开启持续时间 */
    if(time0 >0.0005)    //如果时间很小则舍去,以减少电磁阀的工作次数
        {if(0.003 <time0&&time0 <30/v)
            time =time0;//在电磁阀工作脉宽与压油行程时间范围内,取原值
              else if(time0 > =30/v)
            time =30/v;//若大于压油行程时间,则取压油行程时间
              else time =0.003;  /* 限定最小脉宽 */}
        else time =0;  /* 如果 time0 小于 0.0005 则时间清零,不泄油}
        else time =30/v;          //如果不需要供油,则整个压油行程开启电磁阀
    time =1000 * time;  //把 s 转换成 ms
    time =(uchar)time; //强制数据类型转换成无符号字符型
    T =1000 * time; //把 ms 转换成 μs 以便定时器赋初值,并赋予全局变量 T
    returnT;/* 函数值即脉冲时间的返回 */}
```

2. PWM 脉冲发生程序

当 fatime()函数算出高脉冲宽度后，即可使用微控制器的定时器定出脉冲宽度精确的脉冲。要获得 T 的定时，一般的方式为：采用先给定时器赋以初值，则定时时间为一固定值 T_1(定时精度)，另设一软件计数器，初始值为 0。每隔

T_1 定时时间,就产生溢出中断,在定时器中断程序中使软件计数器加 1,这样,当软件计数器加到 T/T_1 时,就获得 T 定时。采用这种方式,若 T_1 太大则精度较低,若 T_1 太小则多次进入中断程序进行处理,影响精度并浪费 CPU 的运算时间。

本书建议直接将变量 T 作为定时器的初值,实现一次定出时间,精度和效率大幅度提高。当凸轮下止点信号到来时,立即触发微控制器进入外部中断函数,发出控制脉冲。两路脉冲由微控制器 I/O 输出,经过放大、整流、稳压电路后输入泵控制阀驱动电路中的 MOFSET 场效应管,加上高低压电源就可实现对电磁阀开关的控制。

```
void service_int0()interrupt 0/3 中断程序3 /
{if(T > 0)/3 脉冲发生程序3 /
{t = 1000000 3 T ; //t 为整型变量,单位:微秒
TH0 =(65536 -t)/256 ; //定时器0 赋初值
TL0 =(65536 -t)% 256 ; //使得定时 T 微秒
PWM1 = 1 ; //置电磁阀开启电压高脉冲
TR1 = 1 ; //启动定时器1
PWM = 1 ; //置电磁阀维持电压高脉冲
TR0 = 1 ; //启动定时器0
EX0 = 0 ;//关外部中断,直到此次 PWM 波结束
}
else if(T = = 0){}
}
```

2.3.3 共轨压力控制试验分析

1. 起动工况时的控制试验

按照本书的控制策略(详见 2.2.1),在柴油机的起动阶段,不让电磁阀 D 工作,可使高压油泵向共轨管提供最大油量,从而迅速建立轨压,实现柴油机快速启动。在试验开始阶段设定起动目标轨压为 30MPa,试验结果如图 2-19 所示。

由图 2-19 可知,在设定起动目标轨压之前,电磁阀在整个压油行程开启,高压油泵不向共轨管提供高压燃油,共轨管内一直没有建立压力;在 50s 的时刻,设定起动目标轨压 30MPa 后,电磁阀停止工作,高压油泵向共轨管供给最大的燃油量,使轨压迅速上升(用时约 2s)到 30MPa;在达到起动目标轨压以后,通过电磁阀开启时间长度的微调,使进、出共轨管的油量被精确平衡,达到实时、高精度、快响应地控制轨压的目标。

2. 改变目标轨压时的控制试验

轨压控制系统的性能优劣,除了通过稳定状况的控制精度来衡量,还有一个很重要的指标,就是实际轨压跟随目标压力的快速性如何。为检验控制系统的跟随性,通过在试验过程中改变设定轨压,做轨压跟随试验,结果如图 2-20 所示。由图 2-20 可知,在整个试验的稳定阶段,通过电磁阀开启持续时间的微调,均能将轨压稳定在目标轨压上下 2~3MPa 的范围内;共轨压力能在 3s 内迅速跟随目标轨压并极快地稳定下来。

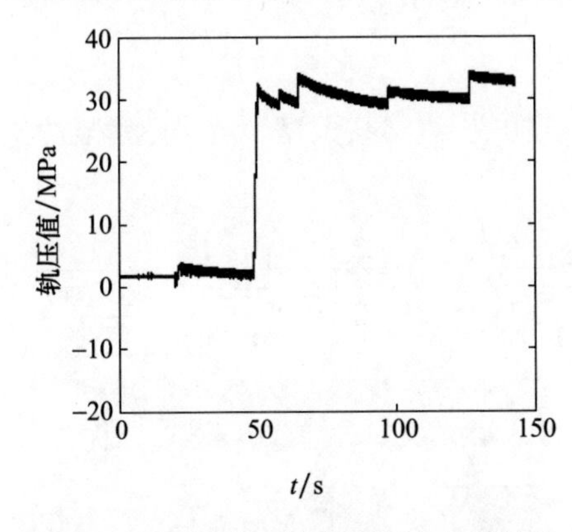

图 2-19 起动工况时的轨压建立情况

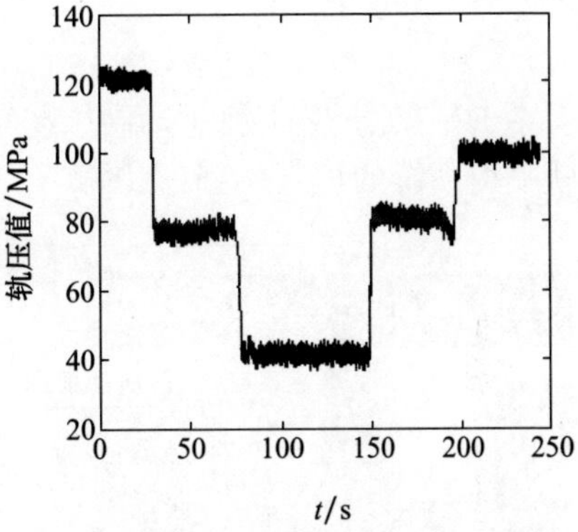

图 2-20 轨压跟随试验

3. 不同转速时轨压控制跟随试验

高压油泵输出的燃油压力理论上会随着转速的升高而升高。为了验证轨压控制系统的稳定性及其在柴油机不同工况时的性能,通过电子调速器改变凸轮轴的转速进行轨压控制的比较试验。结果如图 2-21、图 2-22 所示。

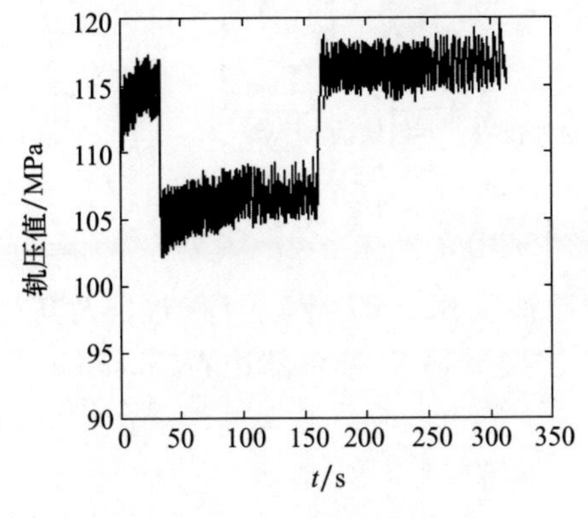

图 2-21 凸轮转速 500r/min 时控制试验

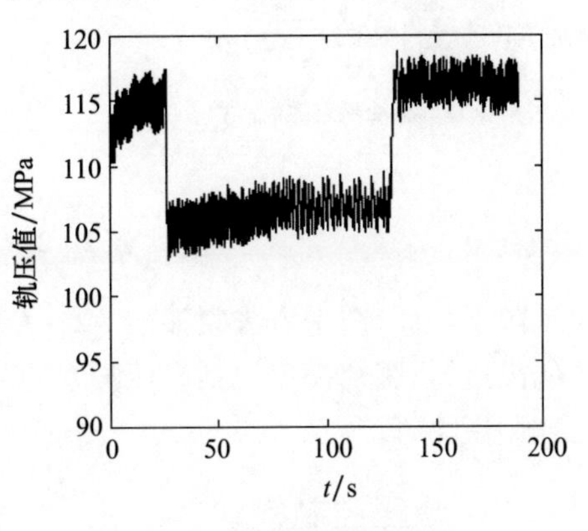

图 2-22 凸轮转速 700r/min 时控制试验

比较图 2－21 与图 2－22 可知，基于压油行程控制方式所建立的轨压控制系统，实现了轨压控制和转速的分离，即无论转速如何变化，轨压均能够维持在目标轨压。不同转速下改变目标轨压、转速大时实际轨压跟随目标轨压的时间较短。这主要是因为当电磁阀不工作时，转速大则泵的循环供油量较大，向共轨管供给的高压燃油就多。

2.4 基于进油比例控制方式的仿真计算

本书根据图 2－1 所示的高压共轨系统构成，建立某大型 16 缸 V 型柴油机共轨喷射系统的仿真模型，见图 2－23。

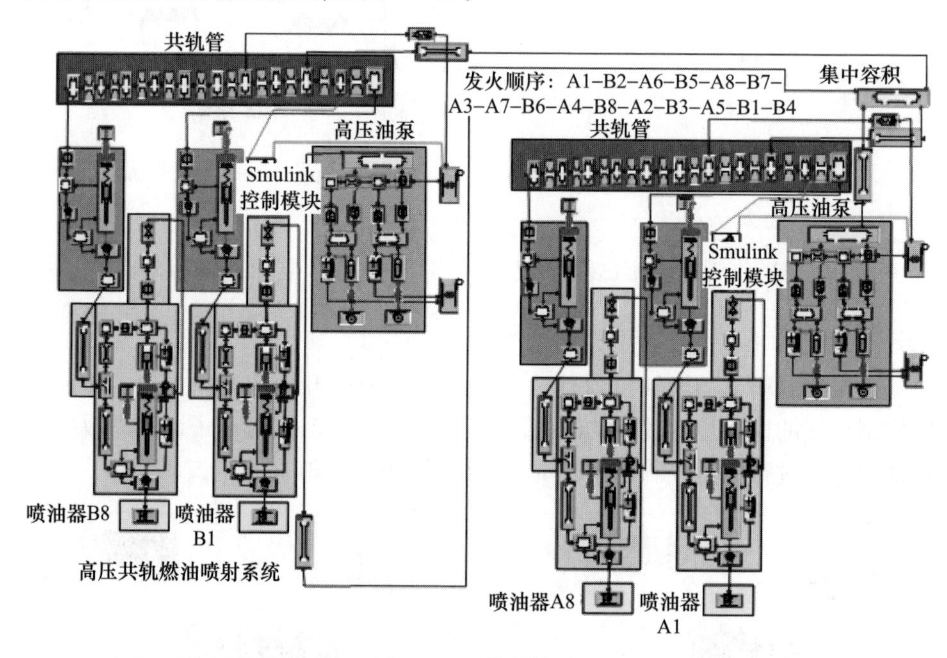

图 2－23 仿真模型

限于版面，图中省去喷油器 A2～A7、喷油器 B2～B7 等 12 个喷油器及其对应的限流器，整个模型包括高压油泵边界、共轨管边界、喷油器边界、Simulink 轨压控制模块等。

2.4.1 轨压控制模块

在进油比例电磁阀打开时间一定时，可根据流体流动的连续性方程及伯努利方程计算出高压油泵进油比例电磁阀的有效流通截面积(开度)。

$$\mu \cdot A_{\text{sol}} = \frac{V_{\text{cr}} \Delta p_{\text{cr}}}{E} / \Delta t \sqrt{\frac{2\Delta p_{\text{sol}}}{\rho}} \tag{2-12}$$

式中:Δp_{cr}为轨压设定值与实际值之间的差值;V_{cr}为共轨管容积;E 为共轨管中的实际燃油弹性模量;$V_{\text{cr}}\Delta p_{\text{cr}}/E$ 为体积流量;Δt 为进油电磁阀的开启时间;Δp_{sol}为进油比例电磁阀两端压力差;ρ 为实际燃油密度;μ 为流量系数;A 为进油比例电磁阀的有效流通截面积。

由于柴油机本身的复杂性、时变性,要准确知道它的数学模型是一件相当困难和复杂的事情。本书首先采用 PID 控制对 Δp_{cr}进行修正,然后根据修正后的压力差值计算出进油比例电磁阀的有效流通截面积。Simulink 轨压控制模块见图 2-24。

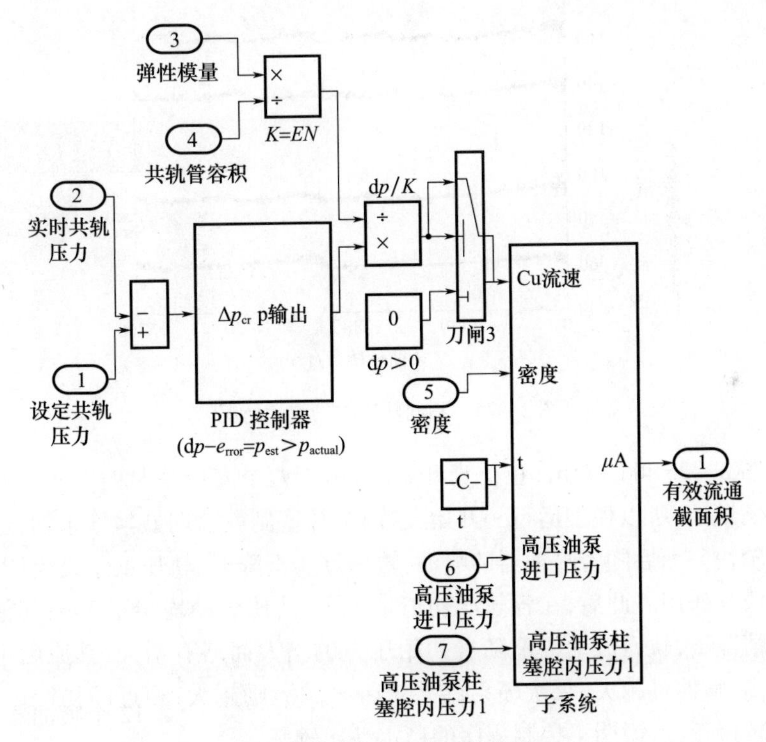

图 2-24 Simulink 轨压控制模块

在实际系统中,进油比例电磁阀的开度是由其线圈中的电流大小所决定的,而线圈中电流大小是由控制器发来的 PWM 信号控制的。所以,实际系统中可以通过调节 PWM 信号的占空比来控制电磁阀的开度,进而控制轨压。

2.4.2 仿真分析

1. 不同目标压力对轨压控制的影响

设定凸轮转速为2862r/min,曲轴转速为1800r/min,高压油泵柱塞直径为12mm,双作用凸轮升程为13mm;喷油量为585mm^3,限流阀弹簧刚度为3.2N/mm,弹簧预紧量为7mm,限流阀节流孔的孔径为0.8mm时,喷油脉冲宽度为24°,喷孔为7mm×0.31mm;进油比例电磁阀开关频率为200Hz,电磁阀最大流通直径为4.37mm,共轨管直径为20mm,共轨管长度为1900mm,共轨管壁厚为20mm,杨氏模量为210000N/mm^2。轨压初始值设置为60MPa、90MPa、135MPa、160MPa,以适当步长及采样频率运行仿真模型,轨压波动情况如图2-25所示。

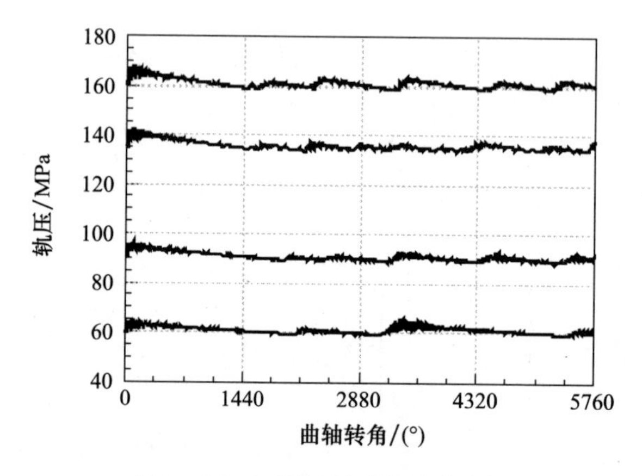

图2-25 不同轨压时的波动情况

由图2-25可以看出,在仿真开始时,由于两个高压油泵的1号柱塞副中已经充满燃油,所以模型运行一开始,这两个柱塞副就会向共轨管泵油,造成轨压上升较快。而后随着喷油器的喷油,轨压逐步下降,当轨压低于设定压力时,控制模块起作用。此后,在各轨压初值情况下,轨压波动均小于3%;其他因素不变的情况下,轨压波动幅值随着初始压力的增大而略有增大;其原因可能是轨压越高,喷油量越大,每次喷射给系统带来的激励越大;相近的初始压力下,波形比较接近,这说明了控制程序的稳定性比较好。

2. 轨压控制的响应性

电喷系统的优势在于对喷射参数独立而精确的控制,从而为柴油机的全工况优化运行提供技术支撑。设置轨压初始值0MPa,目标压力60MPa,其他因素不变。以适当步长运行仿真模型,得到轨压控制的响应效果,见图2-26。

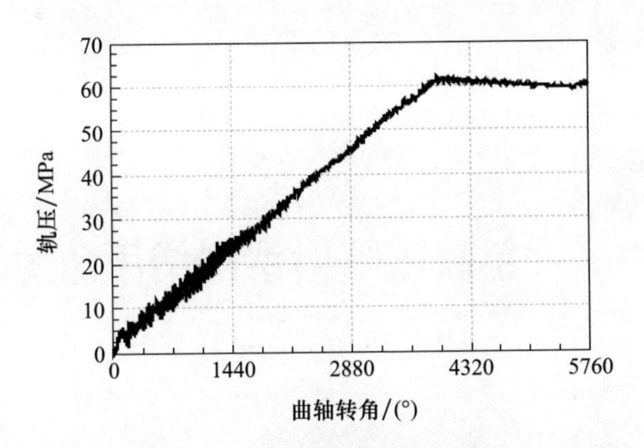

图 2－26　轨压控制的响应性效果

由图 2－26 可以看出，轨压从 0MPa 到 60MPa，共经历了约 3800°曲轴转角，柴油机 1800r/min，用时 0.55s，轨压建立速度快，且一旦达到目标压力后能够迅速稳定。

通过对基于进油比例控制阀轨压控制方式的仿真计算表明：进油比例控制方式以及 PID 控制策略能把实际轨压的波动控制在 3% 之内；轨压从 0MPa 到 60MPa，共经历了约 0.55s，轨压建立速度快。可见这种轨压控制方式具有理论可行性。

超高压喷射系统增压压力波动分析

本章阐述了电控增压泵的结构及工作原理，仿真分析了超高压喷射系统产生压力波动的原因，并提出了解决措施。

3.1 超高压喷射系统结构原理

图3－1所示的超高压喷射系统中的电控增压泵设置在共轨管与电控喷油器之间，内部设有增压柱塞，控制电磁阀，球型止回阀及串、并联油路。

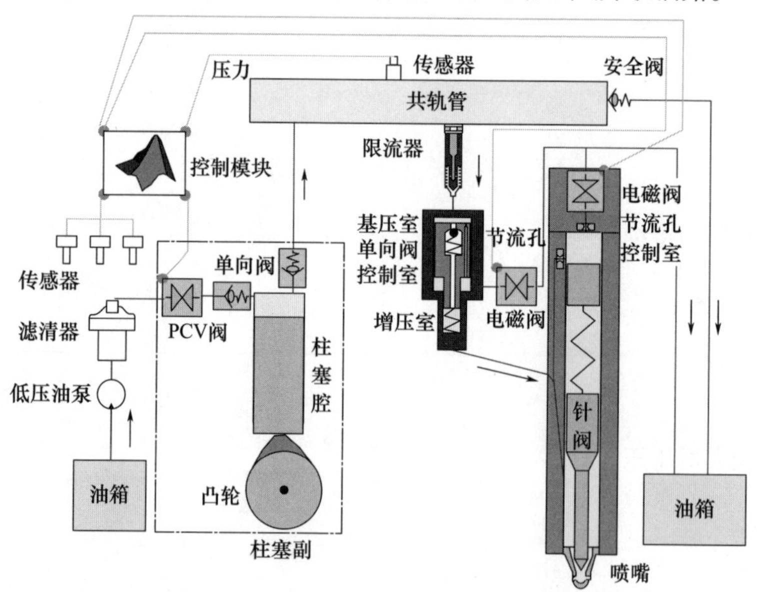

图3－1　超高压喷油系统结构原理

在低负荷时,系统以基压供油,燃油从共轨管进入增压泵,经球形单向阀,通过增压柱塞中心通道、增压泵出口、高压油管至喷油器。这时电磁阀断电,增压泵处于初始状态,其控制室、增压室和增压柱塞大端上方空间内均充满基压油,增压柱塞两端的压力相等,柱塞处于静止状态。此时增压泵相当于油路中的一个单向阀,基压油经过高压油管输送至喷油器。当负荷增大需要高压喷射时,电磁阀通电,这时控制室内燃油流回油箱导致该容积内的压力降低,增压柱塞两端的压力失衡并向小端移动,单向阀关闭,增压室内压力升高,高压油经高压油管输送至喷油器,实现超高压喷射。增压泵电磁阀关闭后,基压室经节流孔向控制室补充燃油,控制室压力回升,同复位弹簧一起使增压柱塞复位。

3.2 电控增压泵基本结构参数设计

3.2.1 增压柱塞设计

1. 单缸循环喷油量计算

$$V_b = \frac{N_e \times b_e}{60 \times \frac{n}{\tau/2} \times \rho \times i} \tag{3-1}$$

式中:N_e为标定功率(kW);b_e为燃油消耗率[g/(kW · h)];τ 为冲程数;n 为柴油机标定转速(r/min);ρ 为燃油密度;i 为缸数。

2. 增压柱塞小端直径计算

增压柱塞小端的直径由循环最大供油量 q_{max}(电控增压泵几何供燃油量 $1.5V_b$)及喷油持续时间 Δt 确定,即

$$d_p = \sqrt{\frac{8q_{max} \cdot m_p}{\pi p_z \xi \Delta t^2}} \tag{3-2}$$

式中:m_p 为单位面积的增压柱塞组运动质量;ξ 为增压柱塞阻力系数(一般取0.05)。

以最大增压压力 p_{inj_z} 喷射时喷孔流量为

$$Q_{inj} = \mu \cdot A_{inj}\sqrt{\frac{2}{\rho}(p_{inj\_z} - p_{cyl})} \tag{3-3}$$

式中:Q_{inj}为体积流量(mm^3/s);μ 为流量系数;A_{inj}为喷孔流通面积(mm^2);p_{cyl}为气缸压力(MPa);ρ 为密度(kg/m^3)。

以最大增压压力喷射时，所需要的喷油持续时间为：

$$\Delta t_{inj} = q_{inj}/Q \tag{3-4}$$

因此，由式(3-3)计算出喷孔流量 Q_{inj}，代入式(3-4)计算出喷油持续时间 Δt_{inj}，并将 V_b(考虑到控制回油、燃油压缩性、柱塞偶件的泄漏、孔节流等，实际电控增压泵几何供燃油量取 $1.5V_b$)及 Δt 代入式(3-2)即可计算出增压柱塞小端直径(本书中，某型柴油机匹配电控增压泵柱塞小端直径取 8mm)。

增压柱塞的受力平衡方程：

$$p_{zy} \cdot A_{plu\_s} + p_{con} \cdot A_{plu\_con} + k \cdot X = p_{cr} \cdot A_{plu\_b} \tag{3-5}$$

式中：p_{zy}、p_{con}、p_{cr} 分别为增压室压力、控制室压力、轨腔压力；A_{plu_s}、A_{plu_con}、A_{plu_b} 分别为柱塞小端面积、控制室活塞受力面积、柱塞大端面积；k 为复位弹簧刚度；x 为复位弹簧变形量。

由于压缩终点时 $p_z \cdot A_d \gg p_{con} \cdot A_{plu\_con} + k \cdot X$，因此最大增压压力：

$$p_{zy} \approx p_{cr} \frac{A_{plu\_b}}{A_{plu\_s}} \tag{3-6}$$

由式(3-6)可知，增压比基本由面积比决定。因此，可根据系统对增压压力的需求确定增压柱塞的大小端面积比 s。比如，当增压比 s 取 2 时，电控增压泵柱塞大端直径为$\sqrt{2}d$。

3.2.2 电磁阀设计

1. 电磁阀阀口面积估算

电磁阀阀口处的流量计算公式为

$$q = \mu \cdot A_{sol} \sqrt{\frac{2\Delta p_{sol}}{\rho}} \tag{3-7}$$

式中：q 为流经阀口的流量速度(m^3/s)；A_{sol} 为电磁阀的几何流通面积(mm^2)；C 为阀口处的流量系数，取经验值约为 0.7；Δp_{sol} 为阀口前后的压差(Pa)；ρ 为燃油密度。

增压泵的大小活塞面积比为 s，而大小柱塞的行程是一样的，所以控制耗油量应为燃油供油量的($s-1$)倍。若已知其增压时间，即可知电磁阀的流通能力下限。

电磁阀在开启过程中，阀腔内的压力逐渐增加，阀口处的流量逐渐减小。大量试验表明，在电磁阀完全打开后，阀腔内的压力上升到约为轨压的一半。因此，可以较低的基压(轨压)60MPa 进行阀口面积的估算(当基压提高时，电磁阀的流通面积可减小)。

2. 电磁阀阀口当量直径和阀芯行程的确定

以锥阀密封为例,电磁阀阀口处的流通面积表达式为:

$$A = \pi \cdot d_{mf} \cdot x_{sol} \cdot \sin\theta \tag{3-8}$$

式中:d_{mf}为阀密封线直径(mm);x_{sol}为外阀芯行程(mm);θ 为锥阀锥角,参考电磁阀的设计经验,取45°。锥阀芯的锥阀角度 θ 对密封性、耐磨性和外阀芯的开度有一定的影响。

3.2.3 单向阀设计

电控增压泵中的单向阀工作频率很高,为保证共轨燃油能及时补充到增压室,阀芯的开口量不能设计过大,建议单向阀采用球阀结构。

单向阀的开启条件:液压力必须克服弹簧力 F_k、摩擦力 F_f 和阀芯重量 G,即

$$\Delta p_{check} A_{check} > F_k + F_f + G \tag{3-9}$$

式中:A_{check}为阀座口面积。

单向阀的开启压力 p_{open}一般都设计得较小,在0.03~0.05MPa,这是为了尽可能降低油流通过时的压力损失。

单向阀复位弹簧预紧力的计算公式为:

$$F_0 = p_{open}\frac{\pi}{4}(d_{ball}\cos\alpha_{seat})^2 \tag{3-10}$$

阀球直径为6mm,锥角取60°。因此 $F_0 = 0.6N$。

单向阀需满足喷油器基压喷射时的流量需要。根据式(3-4),算得某型柴油机基压喷油持续期为 $\Delta t = 2.3ms$。此时的单向阀流量速度为:$Q_v = 1.5V_b/\Delta t = 1.1e^{-4}m^3/s$。

进、出口直径的计算公式为

$$d_{in-out} \geqslant 0.463\sqrt{\frac{Q_v}{V_g}} \tag{3-11}$$

式中:V_g 为进、出油口直径 d 处油液流速,一般取 $V_g = 6m/s$。

由此得某型柴油机匹配的电控增压泵单向阀进、出口直径 $d_{in-out} \geqslant 2mm$。

3.3 超高压喷射系统计算模型

根据图3-1所示的系统结构原理及典型电控喷油器的结构原理,经合理

的物理抽象后，建立仿真模型，见图3－2。模型中，电控增压泵主要结构参数的设置按3.2节中计算所得，其他按柴油机零部件实际结构参数输入。

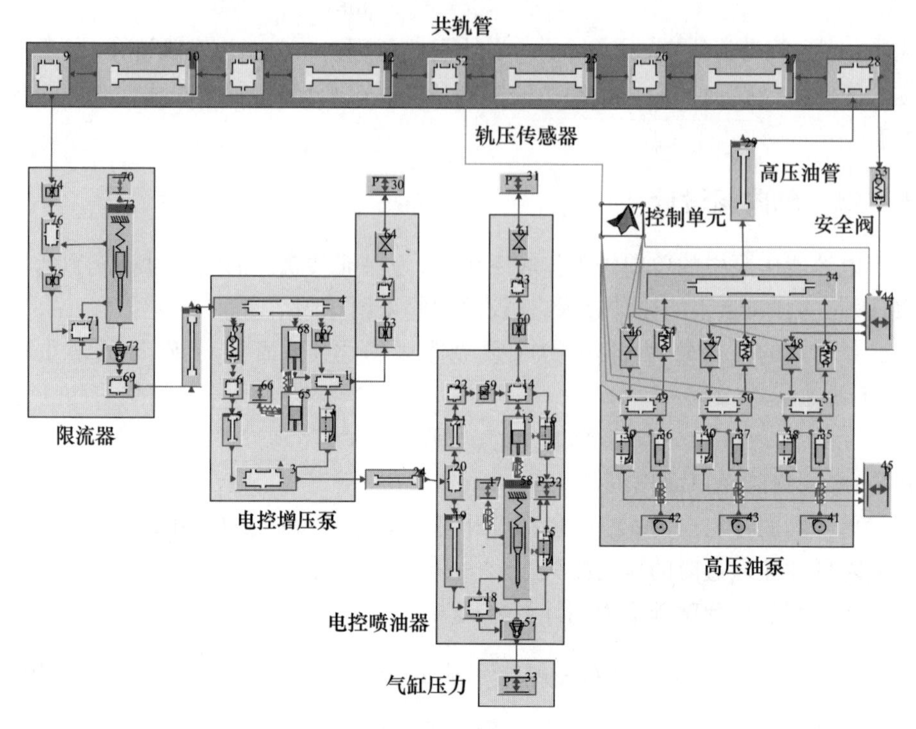

图3－2　超高压喷射系统仿真模型

3.4　增压压力情况分析

仿真中设定凸轮转速为1000r/min，增压柱塞截面积比为2（$100mm^2$/$50mm^2$），轨压为100MPa，控制室出油节流孔0.8mm^2。增压柱塞电磁阀在4～6ms打开，喷油器在2～6ms打开。电控增压泵增压室压力情况见图3－3，试验时压力波动情况见图3－4。

由图3－3可见，系统实测增压比低于原设计的增压比；增压过程结束后增压室与喷油器压力室存在剧烈的压力波动现象；增压室的压力波动不是由喷油引起的，而是由增压电磁阀动作，也即增压过程造成的。

下面就喷油期间实施增压时的各腔室压力情况（图3－5），作出详尽分析。

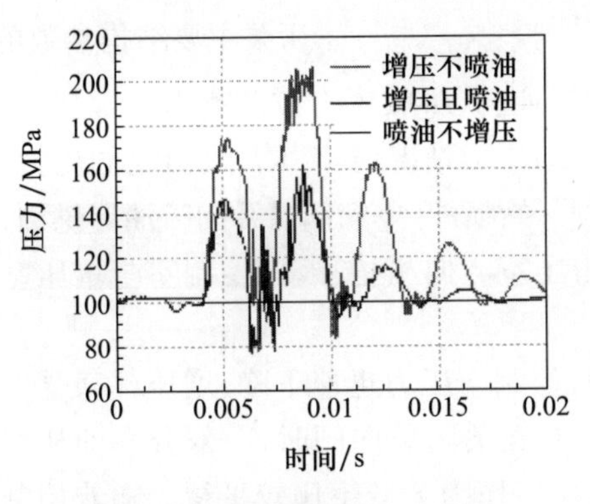

图 3－3　增压室燃油压力情况
（见书末彩图）

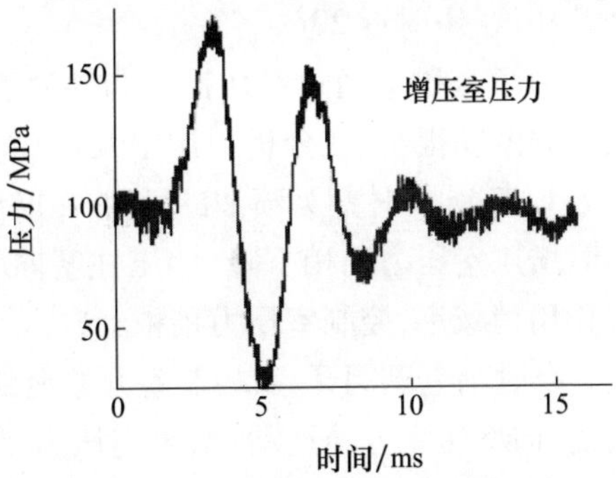

图 3－4　试验时增压室压力情况

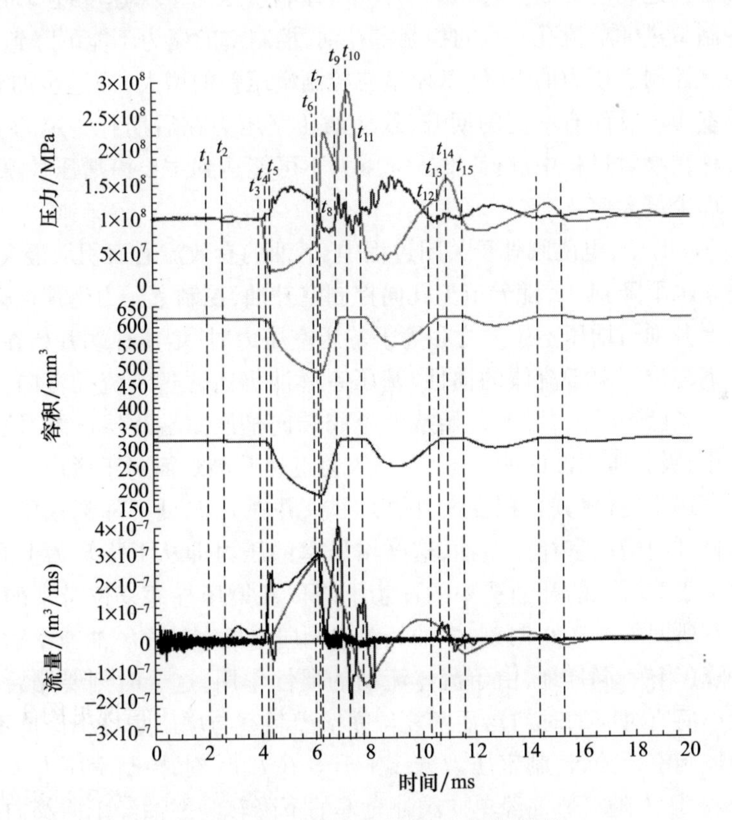

图 3－5　压力波动分析（见书末彩图）

从 t_1 时刻喷油器电磁阀开启喷油，t_3 时刻增压泵电磁阀开启，即开始增压，到 t_6 时刻喷油器电磁阀与增压泵电磁阀同时关闭，再到各腔室压力基本恢复正常轨压值，历时近20ms。

由于基压室通过高压油管与共轨管连通，其吸收压力波的能力非常强，故其压力波动很小，在分析控制室及增压室的压力情况时将其看成恒定的压力。从 t_1 时刻到 t_2 时刻为喷油的延时，t_2 时刻开始喷油，单向阀打开向喷油器供油，同时增压室压力稍稍下降，增压柱塞向增压室方向稍稍移动，控制室与增压室容积稍稍减小，控制室压力稍稍上升。

t_3 时刻电磁阀开启，控制室开始泄油，控制室压力迅速下降，增压柱塞受力失衡，向增压室方向运动，增压室压力增加，在关闭单向阀时，一部分燃油从增压室流入基压室。对应于 $t_4 \sim t_5$ 时刻，增压室压力上升率比较平缓。随着控制压力的减小，泄油的压差（控制室压力 - 油箱压力）也随之减小，并且增压柱塞向增压室方向运动时控制室容积减小，所以控制室压力下降速度逐步放缓。同时由于控制室进油节流孔一直向控制室补油，控制室的压力不能下降到0，且补油速率随着控制室压力的下降（基压室与控制室压差的增大）而逐步加大，所以后期控制室压力反而有一定的回升，致使增压室压力在后期有一定的下降，同时增压过程在喷射过程中进行，增压室压力不可能达到主要由增压柱塞截面比所规定的理论最大值。

在 $t_6 \sim t_7$ 时刻，电磁阀处于关闭过程中，泄油的有效流通面积从最大下降到0，泄油速率也下降到0。随着节流孔向控制室补油，控制室压力迅速回升，当控制室压力上升到与增压室压力之和等于基压室压力时，增压柱塞开始在复位弹簧力作用下复位。由于流体的惯性，基压室燃油仍然通过节流孔流向控制室。而此时电磁阀已经关闭，燃油开始从电磁阀端向基压室端逐层压缩，控制室由于容积很小，吸收压力波的能力也小，其压力迅速升高。而对于增压室来说，由于增压柱塞逐步复位，其容积变大，压力下降，并在 t_8 时刻下降到基压，于是单向阀自动打开向增压室补充燃油，这样增压室的压力即从下降转为上升，而控制室压力由于节流孔的补油速率的逐步下降以及增压柱塞复位带来的控制容积增大而有所回落。在 t_9 时刻，燃油经单向阀向增压室补充燃油速率达到最大并开始下降（当然，同样地，由于流体流动的惯性作用，这个时刻要滞后于增压室压力最小值所对应的时刻），活塞复位完毕控制室与增压室容积保持不变，节流孔仍向控制室补油，控制室压力继续上升。在 t_{10} 时刻，控制室压力上升到最大值，增压室压力随着燃油经单向阀补充率的下降转为燃油经单向阀向基压室流动而下降。随后，即压缩波传到基压室，控制室压力高于基压室，控制室燃油开始通过节流孔向基压室倒流，控制室压力开始进入迅速下降的阶段。增压室压力下降到小于基压室时，燃油又经单向阀向增压室补油，又使其压力升高。

在 t_{11} 时刻控制室压力下降到了基压室压力,而经节流孔向基压室倒流的速率也达到了最大值。但燃油流动的惯性使倒流继续,从而控制室的压力接着下降,增压柱塞再次受力失衡而向增压室方向运动,这样增压室燃油再次受到压缩而增压,单向阀再次开始关闭,在关闭过程中,增压室有部分燃油经单向阀流入基压室。由于此时不存在喷油器的喷射,所以增压室的压力极值要较第一次增压过程更高。而由于流体受摩擦阻尼作用以及燃油和管材非完全弹性影响,控制室下降到的极小值要较第一次为高。以后各腔室的压力呈周期性的振荡,并逐步衰减,直至恢复到基压值,为下一次的增压过程准备。

3.5 增压压力波动原因及消除措施

增压压力波动增加了增压柱塞电磁阀与喷油器电磁阀之间的配合难度,也增加了喷射压力的不确定性,直接影响了系统工作的稳定性和可靠性,应当采取措施将其消除。

参考文献[58],针对增压压力波动现象提出利用波动学与阻尼学(wave dynamics and dampening,WDD)方法,采用如下两种措施:①在增压泵与喷油器之间设置一个单向阀;②在增压泵与喷油器之间设置一个阻尼腔。结果表明采用单向阀的措施阻断了喷油器前压力恢复至轨腔压力的通道,使喷油器压力室压力不能恢复到轨压,影响下一次喷射;阻尼腔可以抑制压力振荡的峰值和减短振荡的持续期,但增加阻尼腔后,增压效果被削弱。

由 3.4 节分析可知,增压过程结束后,存在压力的大幅值振荡现象的原因在于:在增压泵电磁阀高速关闭(如果是缓慢关闭,则不会有水击现象,见图 3-7)以后,由于燃油流动的惯性而引起的水击现象。控制室容积较小,对传来的压力波动的吸收和衰减能力小,压力受其影响而产生振荡。由于基压室与共轨管连接,压力不会发生大的振荡。

为便于对压力振荡产生原因开展理论分析,取断面 1—1 和断面 2—2 之间的管路作为研究对象(图 3-6),计算水击压强。当阀门突然关闭,紧邻阀门的燃油开始被压缩,其压力波以声速 a 通过节流孔向基压室传播,在 $\mathrm{d}t$ 时间内被压缩的燃油长度为 $a\mathrm{d}t$,这部分燃油(控制体)内部流速为 0,密度为 $\rho+\Delta\rho$,压强为 $p+\Delta p$,忽略油道的膨胀变形,设油道截面积为 A。忽略油道的摩擦力,则作用控制体上的外力沿油道轴线的合力为

$$-(p+\Delta p)A+pA=-\Delta pA \tag{3-12}$$

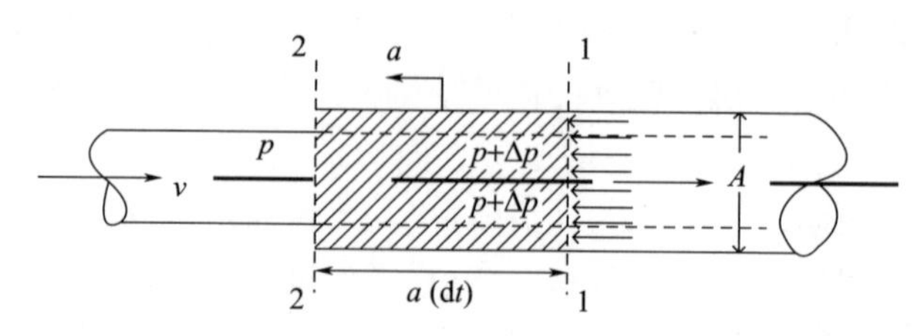

图 3 - 6　水击压强计算示意图

另外,由于电磁阀关闭,控制体右侧燃油速度为 0,只有左侧流体以速度 v 流入控制体,因此在 $\mathrm{d}t$ 时间内,控制体内燃油沿油道轴线的动量变化为

$$-m(v_2 - v_1) = -\rho Aa(\mathrm{d}t)v \tag{3-13}$$

根据动量方程有:

$$\begin{aligned} -\Delta pA &= -\rho Aa(\mathrm{d}t)v/\mathrm{d}t \\ \Delta p &= \rho av \end{aligned} \tag{3-14}$$

由于燃油的密度变化不大,声速在结构参数和物性参数确定的情况下,无太大变化。由以上公式可知,要减小水击压强,必须减小电磁阀关闭时的燃油流速。

$$v = \frac{Q}{A} = \mu\sqrt{2\Delta p/\rho} \tag{3-15}$$

由式(3 - 15)可见,必须减小此时的压差。泄油道长度很短,相对于燃油声速,可以将阀门看成紧靠控制室。所以减小压差,即是要控制室压力大些,也就是节流孔的直径大些(图 3 - 8)或者电磁阀的有效出油截面积小些,而这与要提高增压压力的目标相矛盾。

3.5.1　阀开关时间对压力波动的影响

电磁阀的开关时间(从开始运动至运动停止,不计响应时间)一般在 0.1 ~ 0.2ms,也即阀的有效流通面积从最大到 0 的时间在 0.1 ~ 0.2ms。设电磁阀的开启时间按为 0.2ms 保持不变,关闭时间分别为 0.2ms、5ms、10ms。控制室的压力波形如图 3 - 7(a)所示,增压室的压力波形如图 3 - 7(b)所示。

由图 3 - 7 可以看出,在电磁阀关闭之前,所有曲线在此期间是重合的;随着关闭速度的降低,控制室与压力室压力恢复时间增长,压力波动的极大值减小,在关闭时间为 10ms 时基本消除了压力波动现象,原因是在电磁阀完全关闭前反射的膨胀波已经传至阀门断面,随即变为负的水击波向基压室方向传播,同时阀门继续关闭而产生正的水击波,两个正、负水击压强相叠加,使最大水击压强小于直接水击压强。虽然电磁阀关闭时间为10ms,能有效消除压力波动,但显然是不合理的。

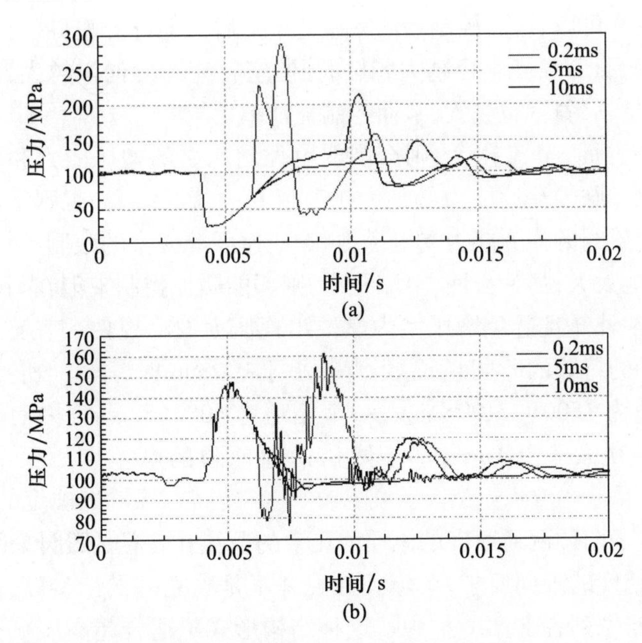

图3-7 阀关闭时长对控制室压力波动(a)和增压压力波动(b)的影响(见书末彩图)

3.5.2 进油节流孔对压力波动的影响

在电磁阀出口截面积保持不变的前提下,不同的节流孔孔径下,增压压力情况见图3-8,控制耗油率的情况见图3-9。

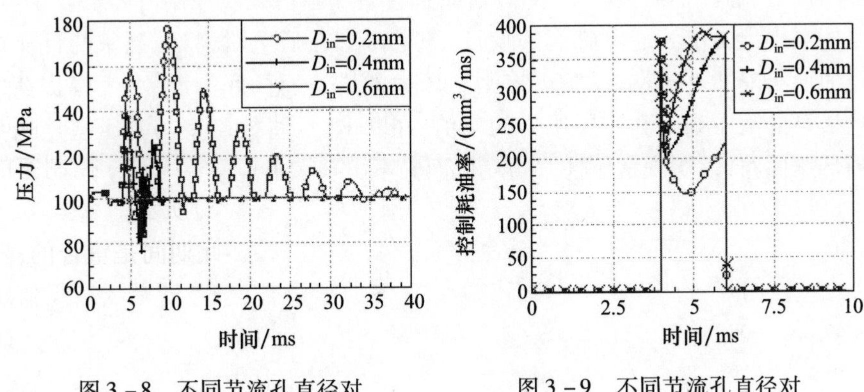

图3-8 不同节流孔直径对增压压力的影响(见书末彩图)

图3-9 不同节流孔直径对控制耗油率的影响(见书末彩图)

由图 3-8 可以看出，随着节流孔孔径的增加，控制室的泄压速度和幅度显著减小，泵的“液压响应”减缓，从而增压效果明显降低，压力波动也逐步变弱。

由图 3-9 可以看出，控制耗油率呈先下降后又上升的趋势（与控制室压力变化规律同），且节流孔直径越大，其向控制室补充的燃油量越大，控制耗油率上升的时刻越早，斜率也越大，从而控制耗油率也越大。

可见，一方面，节流孔大，则会削弱电控增压泵的增压能力和增大控制耗油，且由于电磁阀的流通能力必须大于节流孔的流通能力，否则增压泵无法实现增压，而电磁阀的流通能力受电磁力、响应速度等因素的限制，所以节流孔的孔径也不可能太大；另一方面，节流孔小，则不能确保控制室能在一个循环内得到充足的燃油补充且避免增压室内燃油出现压力波动现象。节流孔的直径越小，压力波动的持续的时间越长，当直径小于 0.2mm 时，压力不能在一个循环（柴油机转速为 1500 ~ 2100r/min，一个循环为 40 ~ 28.6ms）内回到稳态。因此，节流孔 1 须大于 0.1mm，基于两位两通原理的电控增压泵节流孔直径取 0.2mm。

可见，基于两位两通原理的电控增压泵的节流孔孔径的设计需要满足增压效果和复位速度的不同要求，节流孔孔径并不是独立的设计参数，在狭小的取值空间内很难做到各方面的折中。这种结构形式不适合超高压喷射系统用电控增压泵。所以只能将节流孔取消，这样电磁阀关闭的瞬间，向控制室补油的速率为 0，将不会有水击现象。但是这样做，增压柱塞无法实现复位。所以，要取消的只是增压期间的节流孔，而不是增压结束后向控制补油以实现活塞复位的节流孔。可见，只有用一截面积可控的节流孔（电磁阀）来取代这一节流孔，方可实现及消除水击现象并实现增压的功能。但是在结构空间很紧张的情况下要增加电磁阀，不但空间上不允许，而且会增加结构以及控制方面的复杂度。于是本书提出两位三通电磁阀的设计，该电磁阀在通电时，将控制室与低压油箱连通而与隔断基压室，以实现控制室压力的迅速而彻底的泄放，大幅提高电控增压泵的液压响应和增压压力的幅值；在断电时，将控制室与基压室连通而隔断低压回路，以实现增压柱塞的复位而又不出现水击现象。

新型超高压喷射系统性能计算与优化设计

基于第 3 章的研究结论，本章建立了基于两位三通原理的电控增压泵数学模型及电控喷油器模型，构建了新型超高压喷射系统模型，计算分析了关键结构参数和控制参数对系统增压性及喷油速率的影响。同时，建立了系统的 Hydsim 仿真模型，对基于两位三通原理的电控增压泵进行了结构参数设计及基于变形补偿的密封技术研究。

4.1 新型超高压电控增压泵工作原理

基于两位三通原理的电控增压泵，如图 4－1 所示。该增压泵的工作过程为：当电磁阀通电时，出油通道被打开，进油通道（与共轨腔相连）被关闭，控制室在没有燃油补充的情况下，压力迅速下降，电控增压泵实现增压；当电磁阀断电时，出油通道被关闭，进油通道被打开，增压柱塞在复位弹簧的作用下实现复位。因此，除支撑柱塞复位外，弹簧还保证在系统开始工作时柱塞始终处于同一位置，从而在无须增压喷射时，燃油经过柱塞和单向阀流向喷油器。

4.2 新型超高压喷射系统数学模型

4.2.1 新型电控增压泵数学建模假设

由于其工作过程十分复杂，计算时考虑所有的实际因素是不可能的，也没必要。根据系统的运行特点，作如下假设：

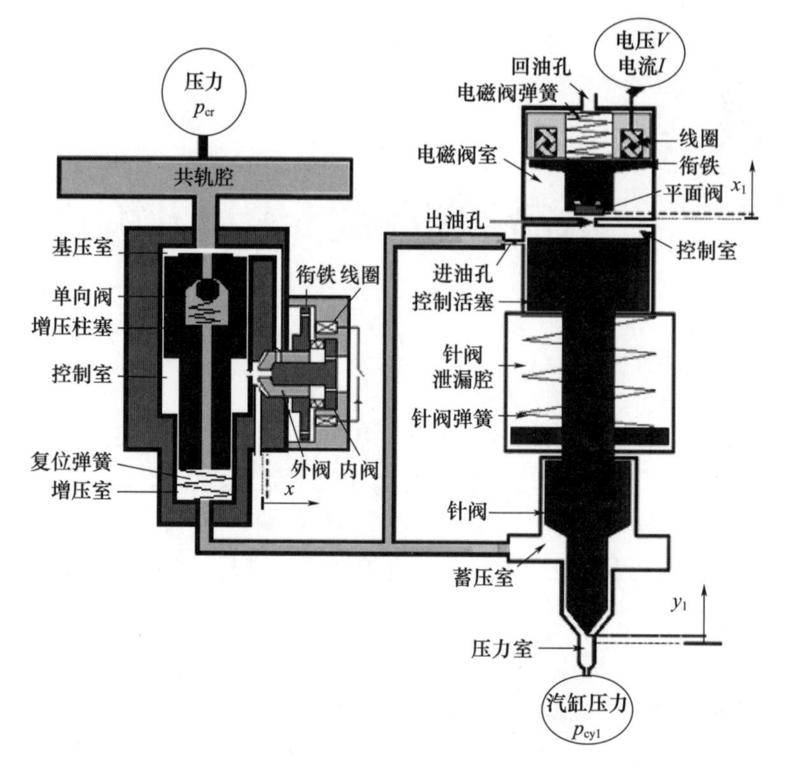

图 4-1 超高压喷射系统工作原理及仿真模型

(1)在一次喷射过程中,燃油的温度不变[69];

(2)燃油的黏度、密度和弹性模量为常数;

(3)不考虑系统中各部分的弹性变形;

(4)假定各腔为集中容积,燃油向各腔流动,不考虑压力传播时间[70];

(5)不考虑平面密封和锥面密封因加工问题造成的泄漏,只考虑圆柱运动副的泄漏及其对各腔压力的影响[69]。

4.2.2 新型电控增压泵数学模型

根据电控增压泵各系统的各部件的液力及运动特性,可将其分为液压腔及运动件两类进行分析。

1. 液压腔

液压腔中的燃油满足流体的可压缩性方程,如下:

$$\Delta p = E \cdot \Delta V / V \tag{4-1}$$

非泄漏进出各液压腔的流体流量可用伯努利方程,如下:

$$Q_{in}(Q_{out}) = \mu \cdot A\ \sqrt{2\Delta p/\rho} \tag{4-2}$$

因泄漏进出各液压腔的流体流量可用如下方程计算[71]:

$$Q_{leak\_in}(Q_{leak\_out}) = \pi \cdot d \cdot \delta_{gap}^3 \cdot \Delta p/12 \cdot \eta \cdot L_{gap} \tag{4-3}$$

根据流体的可压缩性方程和流量的伯努利方程可得到液压腔内燃油压力变化的表达式如下:

$$\frac{dp}{dt} = [\ \sum Q_{in} - Q_{out} + Q_{leak\_in} - Q_{leak\_out}) + \sum A \frac{dx}{dt}] \cdot \frac{E}{V} \tag{4-4}$$

式中:E 为燃油弹性模量;$\Delta V/V$ 为燃油体积变化率;μ 为流量系数;A 为有效流道截面积;Δp 为液压变化;ρ 为燃油的密度;d 为密封面直径;σ_{gap} 为密封面的间隙;L_{gap} 为密封长度;η 为燃油动力黏度;dp/dt 为液压腔内燃油压力变化率;Q_{in}(Q_{out})为非泄漏流进(出)液压腔的燃油流量;Q_{leak_in}、Q_{leak_out} 为因泄漏流进(出)液压腔的燃油流量;V 为液压腔燃油体积;dx/dt 为使液压腔燃油体积发生变化的运动件的运动速度。

2. 运动件

电控增压泵中增压柱塞以及衔铁等主要运动部件都可简化为单质量、单自由度的二阶振荡系统,根据牛顿运动学第二定律,其运动方程如下:

$$m\frac{d^2x}{dt^2} + \upsilon\frac{dx}{dt} + k(x + x_0) = \sum F_m + \sum F_h + \sum F_{mag} \tag{4-5}$$

式中:m 为运动件的质量;υ 为迎面阻力系数;k 为弹簧刚度;x 为运动件位移;x_0 为弹簧预压紧量;F_m 为机械力;F_h 为液压力;F_{mag} 为电磁力。

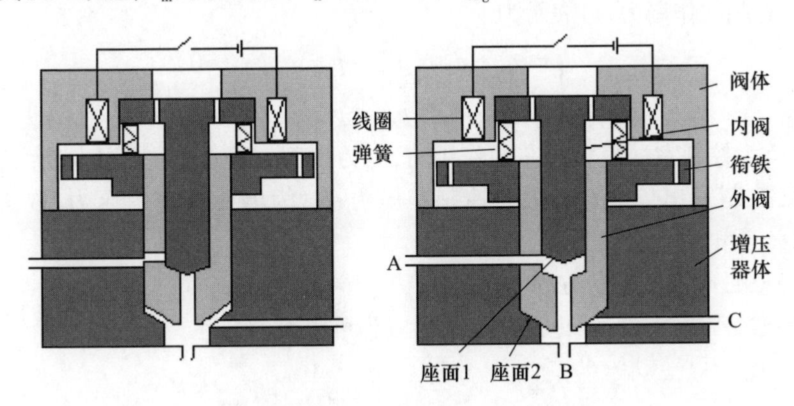

A—接基压室; B—接控制室; C—接油箱。

图 4-2 控制室进、出油流通面积计算示意图

3. 电控增压泵高速电磁阀数学模型

电控增压泵高速电磁阀既具有一般电磁执行机构的特点，同时由于其与增压泵的液力系统相关联，又具有其特殊性。本书研究的电磁阀采用“E”型结构，按其内在的特点，将其划分为电磁力作用，液压力作用和机械运动等部分进行研究。

该两位三通电磁阀如图 4－2 所示，由内阀与外阀等构成。外阀与衔铁连为一体，并在电磁力的作用下动作；而内阀固定于阀体。当电磁阀通电时，电磁力向上，吸引衔铁使之向上运动，出油通道（B—C）被打开，进油通道（A—B）被关闭，这样控制室在没有燃油补充的情况下，压力迅速下降，电控增压泵实现增压；当电磁阀断电时，阀芯在复位弹簧的作用下向下运动，出油通道被关闭，进油通道被打开，增压柱塞实现复位。

1）电磁力作用

当磁路未达到饱和状态，忽略磁漏、铁芯的磁阻和涡流的影响，并假定磁路为线性，根据电磁学中的麦克斯韦方程[72－79]，电路的电磁力为

$$F_{mag}=\mu_0(IN)^2S_a/2\delta^2 \tag{4-6}$$

式中：μ_0为空气磁导率，$\mu_0=1.25\times10^{-6}$ H/m；I 为线圈电流（A）；N 为线圈匝数；S_a 为吸合面积；δ 为工作气隙，$\delta=1.5\times10^{-4}$ m。

2）液压力作用

电磁阀部分液压子系统，主要是研究电磁阀外阀、衔铁在运动过程中，所受的液压作用力和液压阻力[80－82]。

电磁阀外阀部分所受的液压力就是控制室油液和电磁阀室压力差（$p_{con}-p_{sol}$）对外阀的作用力，可表示为

$$F_h=\begin{cases}\pi(d_n^2-d_B^2)(p_{con}-p_{sol}) & (x_1=0)\\ \pi(d_w^2-d_n^2)(p_{con}-p_{sol}) & (x_1>0)\end{cases} \tag{4-7}$$

式中：F_h为控制室油液对阀芯的作用力；d_n为内阀直径；d_w为外阀直径；d_B为座面 2 处控制室出口直径；p_{con}为控制室压力；p_{sol}为电磁阀室内压力，取为 2×10^5 Pa；x_1为电磁阀衔铁位移。

3）电磁阀机械运动方程

根据牛顿运动定律，电磁阀运动的方程可以表示为[83－84]：

$$m_{sol}\frac{d^2x_1}{dt^2}+k_{sol}(x_1+x_0)+\upsilon_{sol}\frac{dx_1}{dt}=F_{mag}+F_h \tag{4-8}$$

式中：k_{sol}为电磁阀弹簧刚度；$\frac{d^2x_1}{dt^2}$为电磁阀衔铁运动加速度；$\frac{dx_1}{dt}$为电磁阀衔铁

运动速度；m_{sol}为电磁阀衔铁和外阀的质量；v_{sol}为电磁阀迎面阻力系数。

将式(4-6)与式(4-7)代入式(4-8)，即可求出电磁阀铁芯的运动速度、加速度以及位移。电磁阀的Simulink模型，见图4-3。

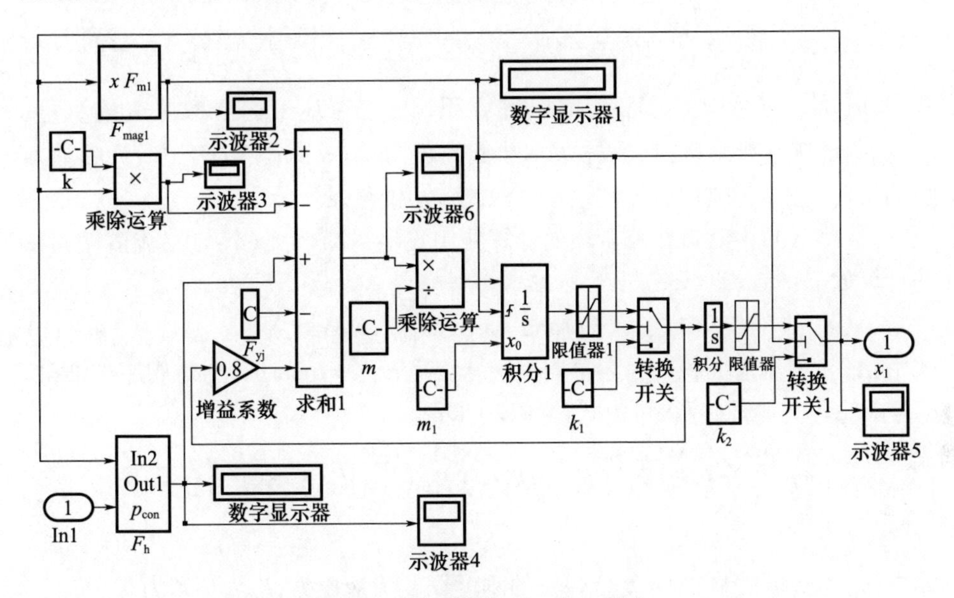

图4-3 电磁阀的Simulink模型

4. 控制室燃油压力变化方程

根据燃油的连续性方程可以得出[85-86]：

$$\frac{\mathrm{d}p_{con}}{\mathrm{d}t}=\frac{E}{V_{con}}\left[Q_{jy\to con}-Q_{con\to sol}-\Delta Q_{con\_leak}+A_{con}\frac{\mathrm{d}x}{\mathrm{d}t}\right] \tag{4-9}$$

式中：V_{con}为控制室容积；$Q_{jy\to con}$为基压室至控制室的流量；$Q_{con\to sol}$为控制室至电磁阀室的流量；ΔQ_{con_leak}为柱塞间隙泄漏量；A_{con}为控制室截面积，$A_{con}=\pi\cdot(d_{cr}^2-d_{zy}^2)/4$；$\mathrm{d}x/\mathrm{d}t$为柱塞运动速度；$x$为柱塞位移量。

式(4-9)中各流体流量项的计算使用式(4-2)和式(4-3)，流道截面积的计算如下：

$$A_{jy\to con}=\begin{cases}\pi d_j^2/4 & (x_1=0)\\ \pi d_j(L'-x_1)\sin\alpha_1 & (x_1>0)\end{cases}$$

$$A_{jy\to con}=\begin{cases}\pi d_B^2/4 & (x_1=L')\\ \pi d_B^2 x_1\sin\alpha_2 & (x_1<L')\end{cases}$$

式中：$A_{jy\to con}$为基压室至控制室的流通面积；$A_{con\to sol}$为控制室至电磁阀室的流通

面积；d_j为座面 1 处控制室进油孔直径；α_1为内阀锥面半夹角；α_2为外阀锥面半夹角；L'为电磁阀衔铁行程。

5. 增压室燃油压力变化方程

$$\frac{\mathrm{d}p_{zy}}{\mathrm{d}t}=\frac{E}{V_{zy}}\left[Q_{jy\to zy}-Q_{pre\to cyl}-Q_{con\to sol}-Q_{zy\_leak}+A_{zy}\frac{\mathrm{d}x}{\mathrm{d}t}\right] \tag{4-10}$$

式中：p_{zy}为增压室压力；V_{zy}为增压室容积；Q_{cr-zy}为基压室至增压室的流量；Q_{zy_leak}为增压室泄漏量；A_{zy}为柱塞小端截面积，$A_{zy}=\pi\cdot d_{zy}^2/4$；$Q'_{pre\to cyl}$为喷油器喷油量；$Q'_{con\to sol}$为喷油器控制室至电磁阀室的油量。

式(4－10)中各流体流量项的计算使用式(4－2)和式(4－3)，流道截面积的计算如下：

$$A_{cr\to zy}=\pi x_2\sin\alpha_v\cos\alpha_v(d_{ball}+x_2\sin\alpha_v) \tag{4-11}$$

式中：$A_{cr\to zy}$为流通面积；d_{ball}为单向阀阀球直径，$d_{ball}=6\text{mm}$；α_v 为球阀座半锥角，$\alpha_v=60°$；x_2 为阀球位移，可由式(4－12)求得。

$$-m_{ball}\frac{\mathrm{d}x_1^2}{\mathrm{d}t^2}=k_0x+F_0+F_{hyd}=k_0x_2+F_0+\frac{\pi}{4}(d_{ball}\cos\alpha_v)^2(p_{zy}-p_{cr}) \tag{4-12}$$

式中：m_2为阀球质量；k_0为复位弹簧的刚度；F_{hyd}为液压力；F_0为预紧力。

预紧力的计算公式为[87]

$$F_0=\frac{\pi}{4}(d_{ball}\cos\alpha_v)^2p_0 \tag{4-13}$$

单向阀的开启压力一般都设计得较小，在 0.03～0.05MPa[86]，这是为了尽可能降低燃油流通过时的压力损失。

6. 增压柱塞运动方程

$$-m_{plu}\frac{\mathrm{d}x^2}{\mathrm{d}t^2}+k_3(x_0+x)+\upsilon_3\frac{\mathrm{d}x}{\mathrm{d}t}=p_{cr}A_{cr}-p_{con}(A_{cr}-A_{zy})-p_{zy}A_{zy} \tag{4-14}$$

式中：m_{plu}为柱塞质量；A_{cr}为柱塞大端截面积；A_{zy}为柱塞小端截面积；k_3为增压柱塞复位弹簧刚度；x_0为预压紧量；x 为柱塞位移；υ_3为增压柱塞迎面阻力系数，取 $\upsilon_3=0.78$。

7. 流量系数分析

在上述数学模型中，流量系数 μ 对仿真的结果有重要影响，它是节流孔两侧压力差的函数，当两侧的压差大于 1MPa 时，流量系数基本为常数值[88]。计算中可在 0.59～0.79 取值，并根据实验结果调整到适当。本书中，电控增压泵及喷油器的控制室进出油孔及喷嘴孔处的流动属于这种情况，即没有考虑其流动系数在流动过程中的变化,而是将其取为常数。在建立了所有部件的数学模型后,即可搭建出电控增压泵的 Simulink 模型,见图 4 -4。在该模型中,共轨压力采用恒定压力源进行模拟。

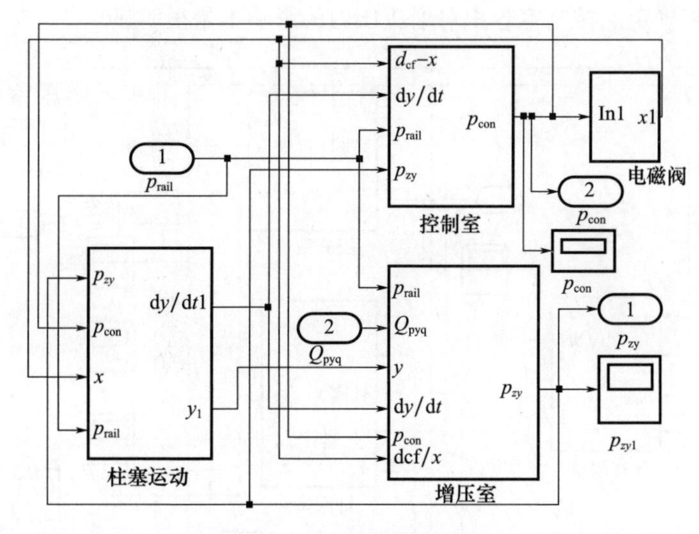

图 4 -4 电控增压泵模型

4.2.3 电控喷油器模型及系统模型

电控喷油器的数学模型包括电磁阀模型、控制室模型、蓄压室模型、压力室模型以及针阀机械运动方程。根据图 4 -1 和式(4 -1)~式(4 -5),并按照类似于电控增压泵的建模方法建立起数学模型,见图 4 -5。将电控增压泵与电控喷油器的模型连接为系统模型,见图 4 -6。

4.3 关键结构参数特性计算

仿真计算算法采用 ode45(Domand - Prince),自适应步长。设置喷油器电磁阀在 0 ~3ms 打开,增压泵电磁阀在 1.5 ~3ms 打开,增压柱塞截面积比为 2。

在图 4 -7 中,控制室进油节流孔直径的变化,基本不会影响增压效果。其原因是基于两位三通原理的电控增压泵采用两位三通电磁阀结构,在增压过程中关闭了控制室进油通道。但进油孔直径增加,会加速控制室充油及油压恢复过程。出油节流孔直径的增加会使增压效果越来越好,主要是因为控制室泄压加快,增压柱塞获得了更大的加速度。进油节流孔与出油孔直径越大对电磁阀的性能要求也就越高,因此确定进油节流孔与出油节流孔直径需要根据电磁阀性能来决定。增压室容积对增压压力的影响有限,其选择主要根据喷油器的循环喷射量来确定。控制室容积对增压压力的影响不是很明显。

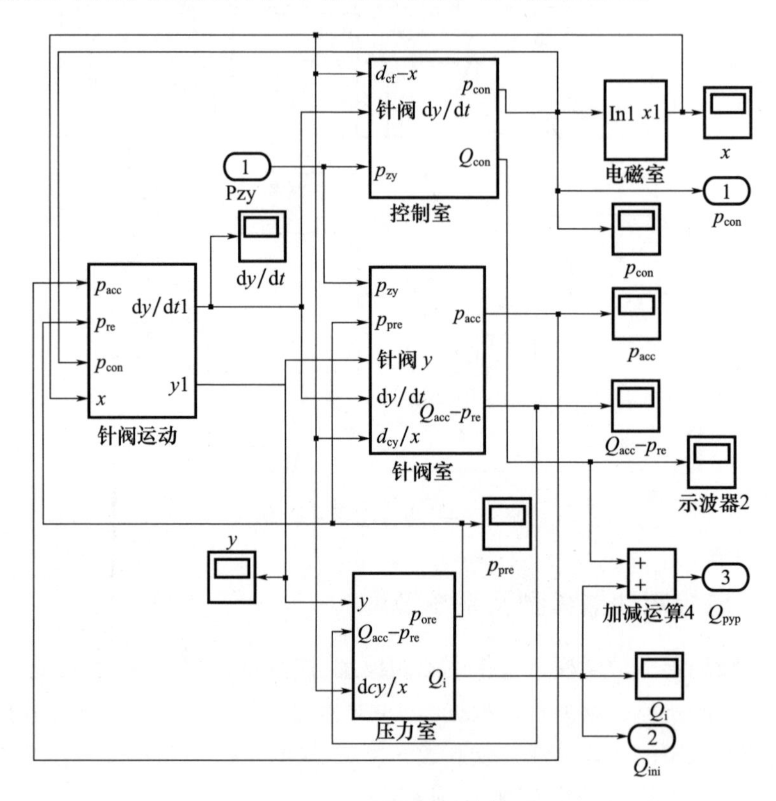

图 4-5　电控喷油器模型

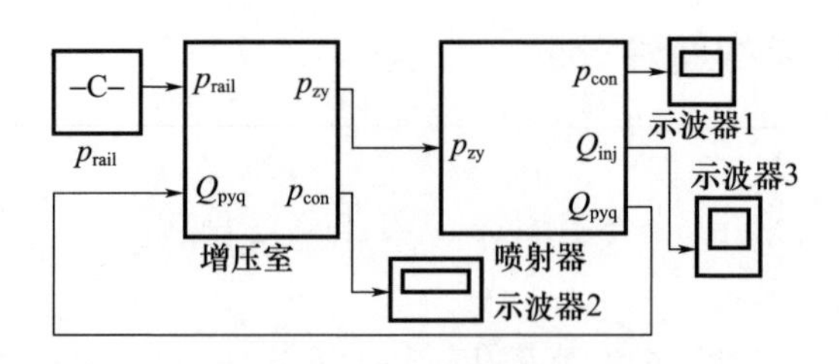

图 4-6　超高压喷射系统模型

经过对比分析,选择出优化后的结构参数。此时,增压室压力见图 4-8,喷油速率见图 4-9。

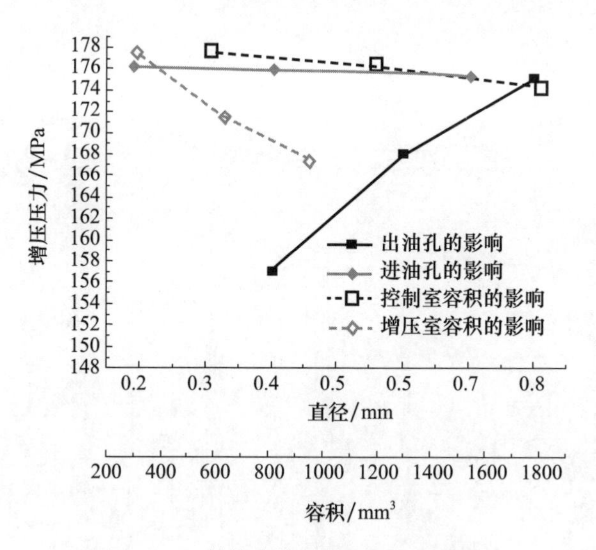

图 4-7 结构参数对增压压力的影响

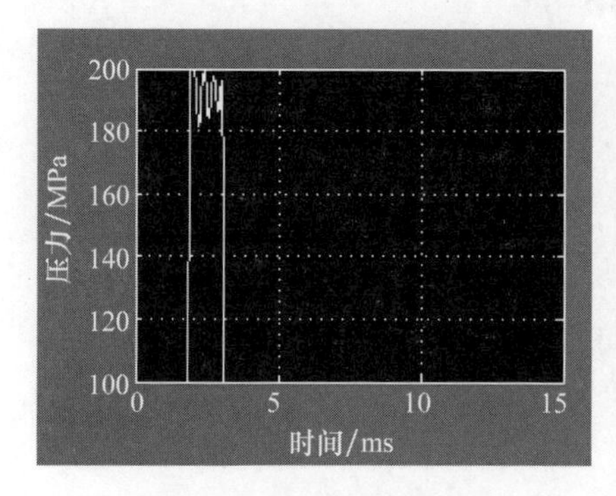

图 4-8 增压室压力变化

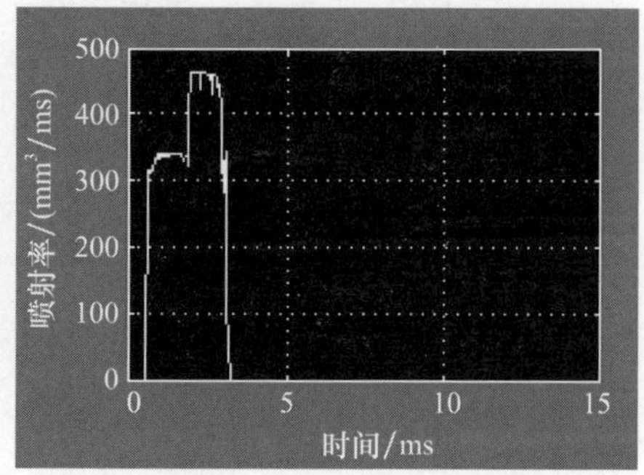

图 4-9 燃油喷射率变化

由图 4-9 可以看出,在一次喷油过程中,通过两个电磁阀开关时序的控制,可以根据负荷的变化灵活地调节燃油喷油率。

4.4 新型超高压喷射系统 Hydsim 模型

基于两位两通原理的电控增压泵,结构原理见图 3-1,系统仿真模型见图 3-2。基于两位三通原理的电控增压泵的工作过程详见 4.1 节,系统仿真模型见图 4-10。

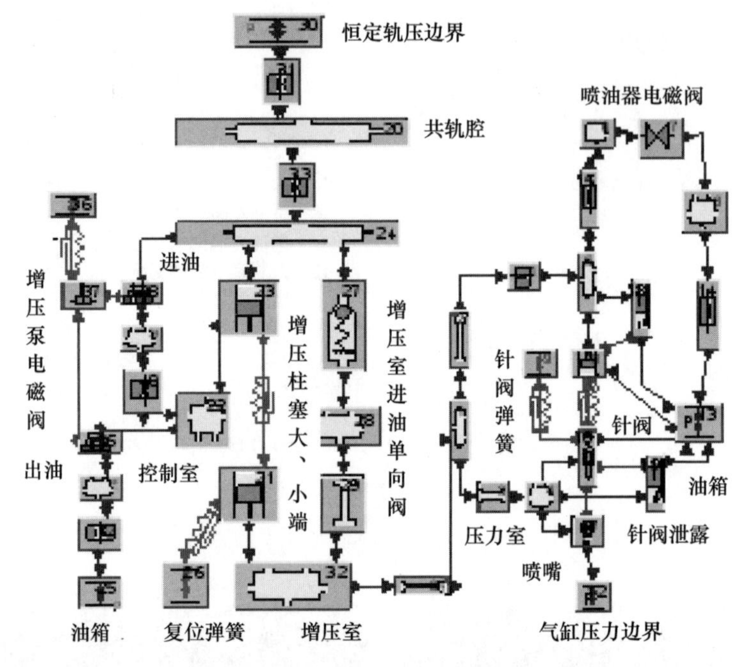

图 4-10 新型超高压喷射系统 Hydsim 模型

本章从增压情况、控制耗油量情况及可调喷油率等方面进行对比研究。

4.5 新型超高压喷射系统性能计算

4.5.1 增压情况

新型超高压喷射系统增压室压力变化见图 4-11,控制室压力情况见图 4-12,基压室压力变化见图 4-13,只开启增压泵电磁阀而不喷油时,增压室压力情况见图 4-14。

由图 4-11 可以看出,在喷油持续期内,基于两位三通原理的电控增压泵的增压室压力峰值达到 172MPa,比基于两位两通原理的电控增压泵的 157MPa 大 15MPa,增压效果显著改善;增压室压力在后期的下降,其原因在于基于两位两通原理的电控增压泵控制室压力在增压过程后期的回升;基于两位三通原理的电控增压泵基本消除了压力波动现象,比基于两位两通原理的电控增压泵具有更好的稳定性。

由图 4－12 可以看出,基于两位三通原理的电控增压泵控制室压力电磁阀打开初期,压力迅速下降。随着增压柱塞向增压室方向运动,控制室容积减小,造成控制室压力稍慢地减小到 0MPa,直至增压过程结束,控制室燃油得到迅速的补充,压力上升到基压 100MPa,并保持稳定;基于两位两通原理的电控增压泵控制室压力先减小到约 15MPa,而后由于节流孔对控制室补充燃油,其压力又有所回升。由于节流孔增大了,其向控制室补充燃油的速度增大,控制室压力回升时间变早,速度变快;基于两位两通原理的电控增压泵的控制室压力同其增压室压力一样,存在强烈的振荡现象。

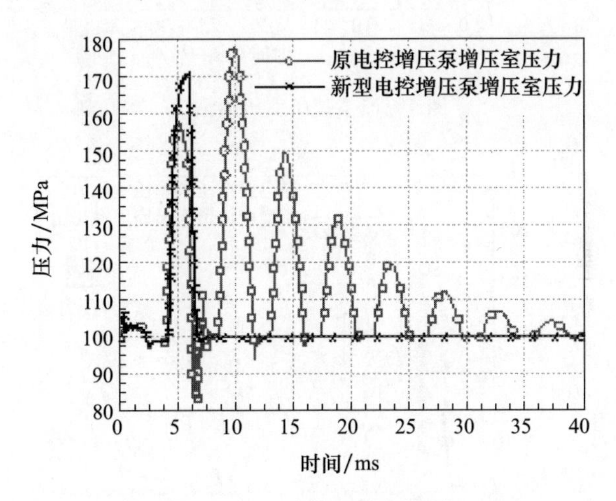

图 4－11　增压室压力情况

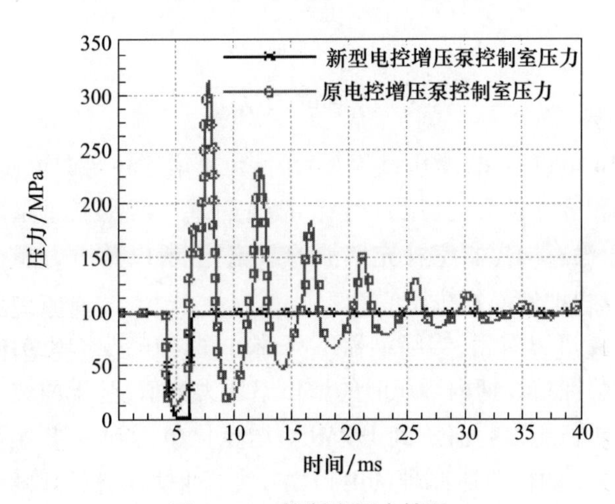

图 4－12　控制室压力情况

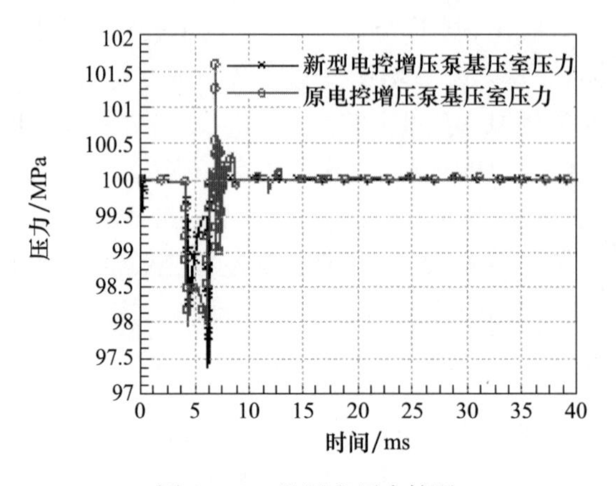

图 4-13　基压室压力情况

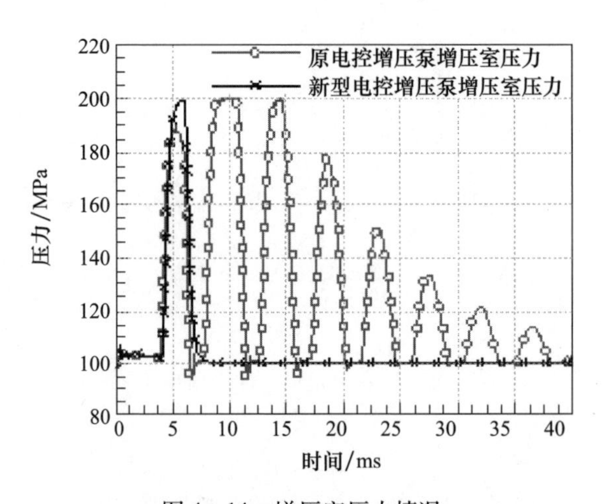

图 4-14　增压室压力情况

由图 4-13 可以看出,增压过程开始时,由于增压柱塞向增压室方向运动,致使基压室容积骤然扩大,其压力稍有下降;而基于两位三通原理的电控增压泵基压室,由于没有向控制室补充燃油的节流孔,所以其压力能在轨腔燃油的补充下较早、较快地恢复到轨压值。

由图 4-14 可以看出,当喷油器不喷油时,两种电控增压泵的增压室压力峰值均大于在喷油持续期内增压时的增压室压力峰值;基于两位三通原理的电控增压泵的增压室压力峰值达到 199MPa,增压比(1.99)几乎等于增压柱塞的截面比(2)。基于两位两通原理的电控增压泵不但增压室压力峰值(187MPa)小于基于两位三通原理的电控增压泵,而且增压室压力存在强烈的振荡现象。

4.5.2 控制耗油量

消耗最小的控制耗油以实现相同的增压比是电控增压泵的追求目标之一。在增压过程中，电控增压泵的控制耗油率见图 4－15。

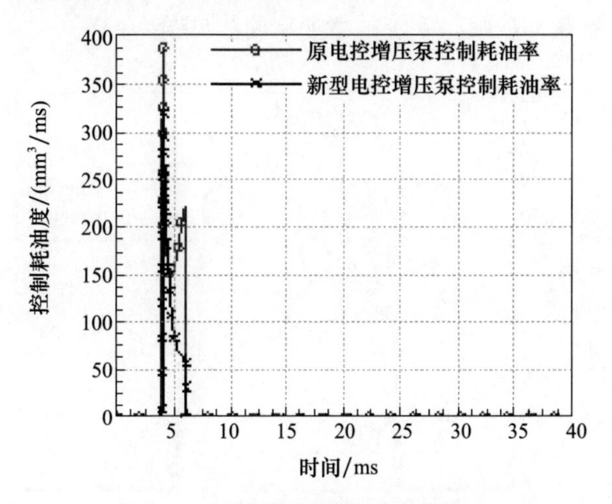

图 4－15 电控增压泵控制耗油率对比

由图 4－15 可以看出，由于控制耗油量即控制耗油率对时间的积分，经简单计算可得到：在增压过程中，基于两位三通原理的电控增压泵的控制耗油量要比基于两位两通原理的电控增压泵的控制耗油量低 35.2%；基于两位三通原理的电控增压泵的控制油率呈先急后缓的规律下降，与控制室压力的下降趋势相同；由于基于两位两通原理的电控增压泵的控制室压力的先减后升，导致其控制耗油率也是先减后增，且控制耗油率随着节流孔孔径的增加而不断上涨。

4.5.3 可调喷油率

超高压喷射系统设计的主要目标就是实现多级喷射压力和可调喷油率，从而为柴油机的全工况优化运行提供技术支撑。电控增压泵的性能制约着喷油率曲线的形成。理论上，通过调整增压器与喷油器的控制时序，可以实现在一次喷射中有两种喷射压力，通过两种压力的喷射时刻的配合来获得不同形状的喷油率。增压泵电磁阀先动作，系统喷射高压油，此时喷油规律呈矩形；增压泵电磁阀与喷油器电磁阀同时开启，开始时系统喷射基压油，同时增压泵增压，增压柱塞排量大于喷油量，喷射压力逐渐增加，此时喷油规律呈斜坡形；喷油器电磁阀先开启，开始时系统喷射基压油，之后增压器动作，由于增压柱塞排量大于喷油量,喷射压力逐渐增加,此时喷油规律呈靴形。

为验证控制时序对喷油规律的影响,设定增压柱塞电磁阀的控制室进油电磁阀(常开型)及出油电磁阀(常闭型)流通面积均为0.8mm²,喷油器电磁阀在2~6ms开启,改变增压泵电磁阀的开启时刻。原超高压喷射系统的喷油率曲线见图4-16,新超高压喷射系统的喷油率曲线见图4-17。

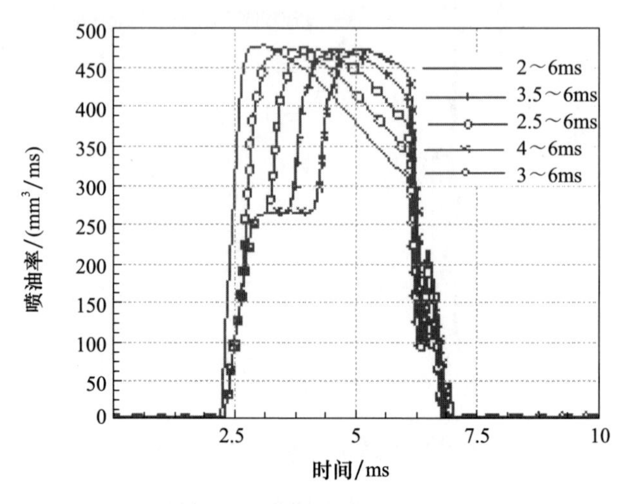

图4-16　原系统的喷油率曲线

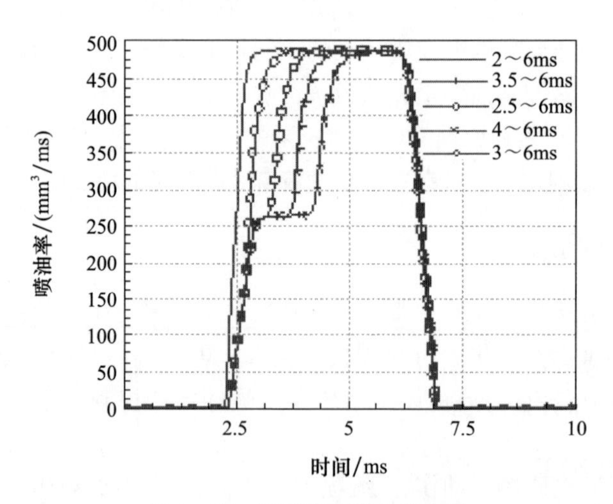

图4-17　新系统的喷油率曲线

由图4-16和图4-17可以看出,系统均能通过调整增压与喷油的相对时刻,实现喷油率形状从矩形变化到斜坡形直至靴形;电控增压泵增压室压力在增压过程后期有所下降,导致原系统的喷油率在高压喷射段也在减小;基于两位两通原理的电控增压泵的增压室压力相对较差的稳定性导致原系统的喷油率在断油阶段存在小幅波动。

4.5.4　增压柱塞截面比的设计

对于“高基压—小增压比”的超高压喷射系统来说,增压比(主要由增压柱塞的截面比确定)是系统性能的关键性参数,设定增压柱塞电磁阀的控制室进油电磁阀(常开型)在 4 ~6ms 关闭,喷油器电磁阀在 2 ~6ms 开启,两电磁阀流通面积均为 0.8mm^2,保持增压柱塞小端面积不变,改变增压柱塞大端面面积得到的增压压力情况如图 4 -18 所示。

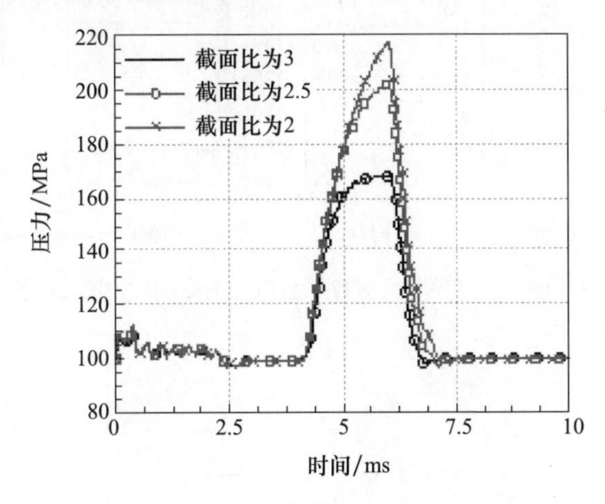

图 4 -18　增压比对增压压力的影响

由图 4 -18 可知,增压压力峰值随着截面比的增大而增大,当截面比为 3 时,增压压力峰值能达到 212MPa;随着截面比的增大,增压压力峰值增大的速度减小。原因在于:①增压是一个瞬态过程,其间伴随着喷油器的喷油,流场内异常复杂;②增压柱塞小端面不变,大端面面积的增加,导致控制室容积的成倍增加和增压柱塞的质量大幅增加,同时电磁阀的流通能力不变,最终增压柱塞的响应减慢,增压效果被削弱。

4.5.5　复位弹簧的设计

电磁阀关闭后由于控制室压力迅速恢复,各压力腔室的压力迅速平衡,增压柱塞在复位弹簧力的作用下实现复位。复位弹簧可以安装在增压室,也可以安装在控制室,安装在增压室时,弹簧的收缩和伸张会对增压室内压力场产生影响。因此,本书将弹簧安装在控制室。

在复位过程中,弹簧力随着弹簧的伸张越来越小,复位的过程越来越慢。为使增压柱塞能在一个喷油循环内有效复位,需要增加弹簧的预紧力或增加弹簧刚度。增加弹簧刚度所增加的弹簧力会随着复位的进行而减小,而随着增压过程的进行而增大。可见,最好的方法是适当增加弹簧的预紧力。

设定弹簧刚度为50N/mm,改变弹簧预紧力,由电控增压泵各腔室压力见图4-19,增压柱塞复位情况见图4-20。

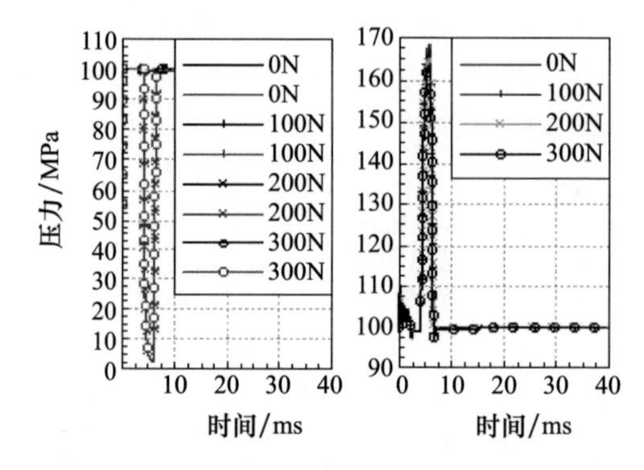

图4-19　弹簧预紧力对各腔室压力的影响(见书末彩图)

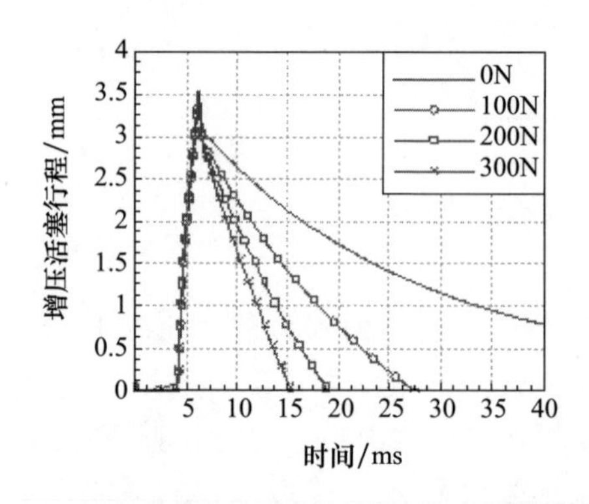

图4-20　弹簧预紧力对增压柱塞复位的影响

预紧力增大对控制室和增压柱塞上腔的压力基本没有影响。但是,增大预紧力会增加消耗增压柱塞的动能,减弱增压效果,增压效果和系统响应两方面存在折中的关系。

随着弹簧预紧力的增加,增压柱塞的复位过程明显加快。但是,在其他参数不变的情况下,预紧力增加,必然需要更大的弹簧自由高度,在有限的电控增压泵空间内,会增加设计的困难。本书所设计的电控增压泵适用于大功率柴油机,额定转速为 1500 ~ 2300r/min,每工作循环时间为 40 ~ 26ms,可见,当弹簧预紧力达到 300N 时,增压柱塞的复位速度已经满足设计要求。此时,增压压力峰值比预紧力为 0 时小 4MPa 左右,在可接受范围内。

4.5.6 偶件的超高压密封问题分析

1. 偶件间隙对泄漏量及柱塞所受剪应力影响

由于偶件密封面之间的缝隙非常小,而燃油具有一定的黏度,根据液压理论,缝隙中液压流动的雷诺数一般较小,属于层流范围。

当燃油流入环形间隙时,速度分布是线性的。燃油速度在靠近增压泵体处等于增压泵体的运动速度;在靠近柱塞处等于柱塞的运动速度。这种燃油流层将对内层燃油施加相当大的剪切应力。根据连续性法则,内层燃油的速度将大于柱塞运动速度。速度分布形状逐渐变成抛物线形状,沿活塞密封面长度方向贯穿整个环形间隙(图 4 - 21)。

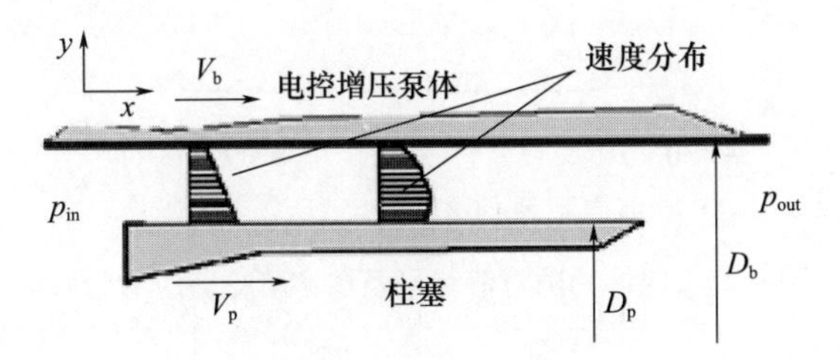

图 4 - 21 间隙中的层流

偶件间隙中的泄漏量、偶件所受的剪切应力可由下列方程计算[89]:

$$Q=\frac{\pi}{\mu}\frac{p_{in}-p_{out}}{L_{gap}}\left[\frac{(R_b^4-R_p^4)}{4}-\frac{(R_b+R_p)(R_b^3-R_p^3)}{3}+\frac{R_bR_p(R_b^2-R_p^2)}{2}\right]+$$

$$\pi(v_b-v_p)\left[\frac{2}{3}\frac{R_b^3-R_p^3}{R_b-R_p}-R_p(R_b+R_p)\right]+\pi v_b(R_b^2-R_p^2) \quad (4-15)$$

$$F_{shear\_p}=\pi R_p(p_{in}-p_{out})(R_p-R_b)+2\pi\mu\frac{R_pL_{gap}(v_b-v_p)}{R_b-R_p} \quad (4-16)$$

$$F_{shear\_b}=\pi R_b(p_{in}-p_{out})(R_b-R_p)+2\pi\mu\frac{R_bL_{gap}(v_p-v_b)}{R_p-R_b} \quad (4-17)$$

式中:式(4.15)中第一项为由于压力差的存在而产生的值;第二项的值是由于偶件具有相对运动而产生的;Q 为偶件漏泄量;L_{gap} 为偶件密封长度;R_p、R_b 分别为增压柱塞半径与增压泵体内半径;p_{in}、p_{out} 分别为增压室燃油压力与控制室的燃油压力;V_b 为增压泵体运动速度(m/s);V_p 为增压柱塞运动速度;μ 为流体动力黏度；F_{shear_b}、F_{shear_p}分别为增压泵体、增压柱塞所受黏性剪应力。

在仿真中，考虑增压柱塞小端处的偶件泄漏。设定柴油机转速为1000r/min，增压柱塞截面比为2，基压（轨压）取为100MPa，增压泵电磁阀在4～6ms开启，喷油器电磁阀在2～6ms开启（下文中仿真条件与此同）。取不同间隙值，偶件间隙泄漏量及柱塞所受剪应力情况见图4－22。

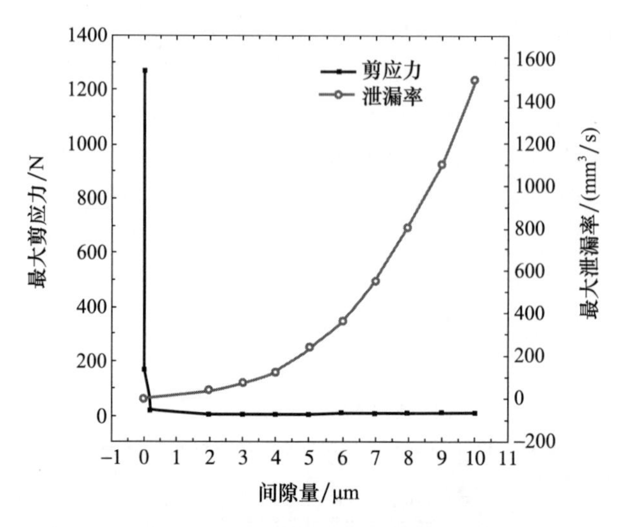

图4－22　偶件间隙对泄漏量及柱塞所受剪应力的影响

实际中，由于工作时燃油温度的上升致使燃油黏度的下降，燃油泄漏量将比仿真值大。另外，偶件偏心率的存在等因素，也将使偶件密封性变差[92]。结合国内材料加工工艺，参考高压泵及电控喷油器偶件间隙设计经验[90－91,93]，偶件间隙应小于等于4μm。

取间隙值为2μm，基压（轨压）取为60MPa、80MPa、100MPa、120MPa，偶件间隙泄漏量及柱塞所受剪应力变化曲线，见图4－23和图4－24，两图中曲线相同的标志代表相同的压力。

由图4－23可以看出：①在增压开始前和复位结束后的稳态过程中，由于各腔室的压力是相同的，且柱塞没有运动速度，所以偶件间隙泄漏量为0；②在增压过程中，由于增压室压力大于控制室压力（$p_{in}-p_{out}>0$），另外由于柱塞向增压室方向运动（$V_p<0$），由式（4－15）可知泄漏量总是大于0。前期，随着柱塞运动速度的急速增大，泄漏量迅速增大；后期，随着柱塞的运动，密封长度L_{gap}逐渐增大，同时柱塞速度逐渐下降，泄漏量逐渐减小；③泄漏量随着基压压力的增大而不断增大。

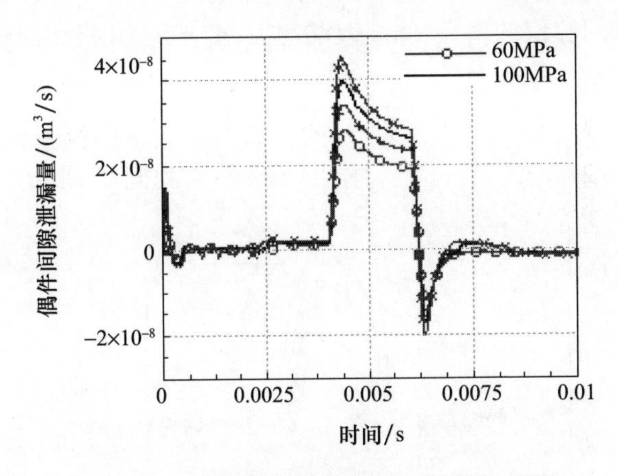

图 4－23　偶件间隙泄漏量变化(见书末彩图)

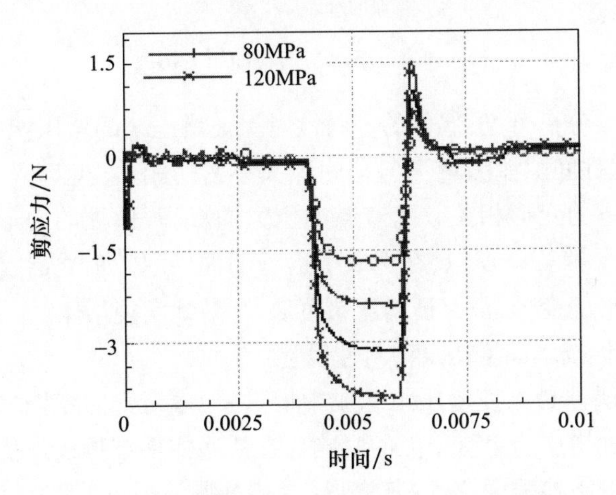

图 4－24　柱塞所受剪应力变化(见书末彩图)

由图 4－24 可以看出:①在增压开始前和复位结束后的稳态过程中,由于各腔室的压力是相同的,且柱塞没有运动速度,所以剪应力为 0。②增压过程中,由于增压室压力大于控制室压力($p_{in}-p_{out}>0$),式(4－16)、式(4－17)中第一项为负且占主导作用;柱塞向增压室方向运动($V_p<0$),式(4－16)、式(4－17)中的第二项为正但不占主导作用,所以柱塞所受剪应力为负。前期,随着压力差的急剧增大,剪应力迅速增大,之后,随着速度增大,密封长度增大,剪应力的绝对值逐渐下降。③随着基压压力的增大,柱塞所受剪应力不断增大。

2. 偶件间隙对增压压力的影响

仿真中设定轨压 100MPa,并取不同的间隙值。增压室内燃油压力情况,见

图 4 - 25。随着间隙值的增大,间隙泄漏增大,增压压力峰值不断下降。为保证增压能力,间隙应尽量小。

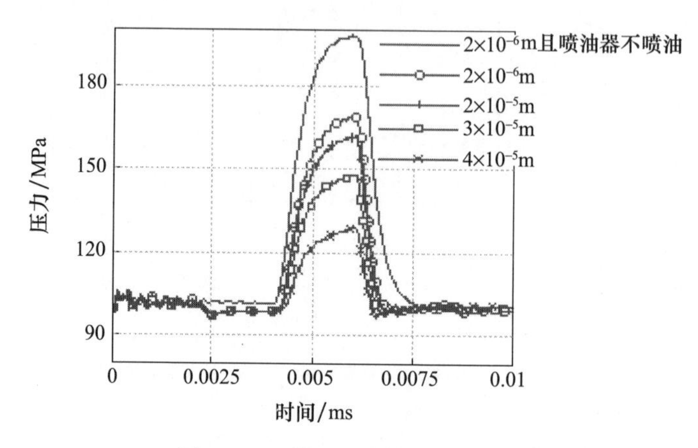

图 4 - 25　增压室内燃油压力情况

由以上仿真分析可见,偶件的密封性对保证增压泵的增压能力的极端重要性。实际上,偶件间隙泄漏量不但与间隙大小密切相关,也与密封间隙外形在高压燃油作用下的变形相关。随着燃油压力的提高,偶件的变形量势必增加,增加了燃油的泄漏[93]。所以,在选取了适当的偶件间隙值之后,仍需要采取措施减少间隙外形的变形,以保证增压泵可靠、高效地实现增压。

3. 变形补偿技术的增压泵密封性设计

增压柱塞偶件是电控增压泵总成中最重要、最精密的零件之一,其间隙对其循环供油量和增压能力有很大的影响。在活塞偶件结构设计优化阶段,考虑增加增压泵体的结构强度,减少其变形(径向膨胀)的同时,可对柱塞作变形补偿设计,即采取柔性可变截面变形补偿技术[89-90]。

本书将进油单向阀集成到增压柱塞中,在增压柱塞中心加工过油通道。集成式增压柱塞的结构,见图 4 - 1。这一设计思想是根据间隙流场轴向压力分布梯度,在增压柱塞头部开挖一个有锥度的瓮型补偿槽(用于安装进油单向阀),对增压柱塞进行结构性反向补偿。这样进入增压柱塞头部槽中的高压燃油产生使其扩张的压力锲,使增压柱塞产生一定的具有轴向梯度的径向扩张量,从而部分地抵消因间隙燃油挤压而造成的增压柱塞轴向变形不均匀,最终使偶件配合间隙保持在恰当的数值范围内。

基压室与共轨腔相通,油压可由共轨腔供给燃油维持稳定,因此增压柱塞大端与增压泵体的配合间隙可以适当取大一些,以保证运动的灵活性。对于增压柱塞小端来说,情况就不一样。在增压期间,进油单向阀关闭,增压室为一独立封闭油腔,这时增压室内燃油漏泄将对其高压形成产生很大影响,甚至无法建立高压。增压柱塞大端与增压泵体的配合间隙应尽可能地小,这将增大增压柱塞所受黏性剪应力,降低运动的灵活性。可见,偶件的密封性与运动的灵活性是相互矛盾的,亦即间隙大会产生泄漏,而间隙小会引发卡滞。偶件间隙中泄漏量和黏性剪切应力计算的数学模型计算见式(4-16)、式(4-17)。往复间隙密封是无接触密封,可实现间隙节流降压,其压力降取决于收敛间隙,是在结构上保证柱塞偶件具有所需的自由度使柱塞能自由对中的前提下,根据作用在柱塞偶件上的合成压力促使偶件间隙弹性变形的效果而设计的。其工作原理是:以偶件间极小的间隙节流来形成极大的压降作用,控制高压流体的泄漏量。这种节流的间隙不是机械加工所能形成的,而是由加工的初始间隙在高压工况下,材料的弹性变形所形成的。在柱塞中心开挖锥形槽,柱塞内外的压力差合力将造成偶件间隙尺寸的固定收敛。

4. 三维内流场的仿真计算

按燃油功能划分,电控增压泵内流场可分为基压油路、控制油路和高压油路。基压油路属于稳态流动,不必对其流场特性进行建模研究。控制油路和增压油路通过偶件间隙连接。由于增压柱塞中心通道具有变形补偿作用,改善了柱塞偶件的密封性。因此,可对增压油路三维流场进行独立研究。

这里采用六面体网格来划分网格,在进行了边界条件和初始条件的设置后就可以进行流场的仿真模拟。增压油路流场在压缩终点的压力计算结果如图 4-26 所示。

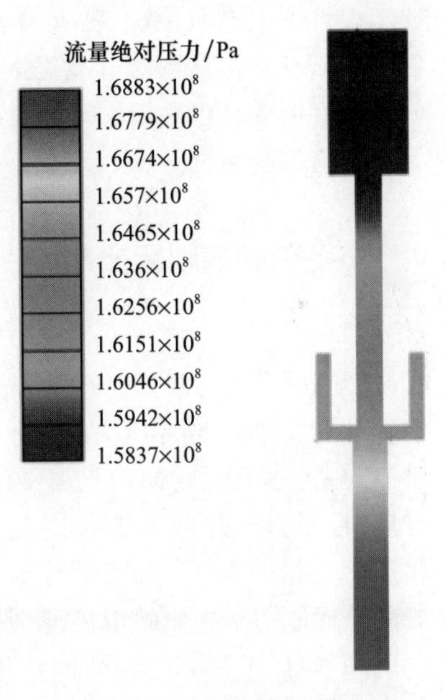

图 4-26　压缩终点时的增压油路流场压力分布(见书末彩图)

高压主要分布在增压泵出口处,压力峰值为 168.8MPa,与偶件间隙值为 2×10^{-6}m 的一维模型的计算结果相一致。可见,将偶件间隙控制在 2×10^{-6}m 左右确能保证增压泵实现燃油压力二次放大,亦即实现多级喷射压力。

第5章 电磁阀的开发及驱动电路设计

电磁阀是实现超高压共轨系统控制的关键部件,其开关响应速度对系统的工作起着决定性作用。电磁铁作为电磁阀的核心部分,其特性直接影响电磁阀的性能,它的结构原理及其匹配的驱动电路是保证其可靠、有效工作的关键。本章运用 ANSYS 有限元分析软件开发了电磁铁的设计程序,针对电控增压泵要求设计了电磁铁,从电磁吸力和磁场分布两方面着手,利用磁场瞬态分析法对电磁阀各结构参数对其动态响应时间的影响进行有限元分析计算。电磁阀研发了专用驱动电路以实现快速、灵活和有效地控制超高压共轨系统,并进行了仿真与试验研究。

5.1 电磁阀有限元分析

本书所设计的两位三通型电磁阀具有液压平衡能力,理论上当衔铁静止和运动到极限位置时,阀芯所受的液压力是平衡的,所以在开始运动的瞬间和运动到进油阀完全关闭后电磁力只需要克服电磁阀弹簧预紧力;在运动过程中,出油阀开启,控制室压力下降,但同时控制室燃油作用面积增大,液压力仍几乎是平衡状态。电磁阀需具备较大的输出力(>100N),快速的开启响应(<0.3ms)和较好的流通能力。在影响电磁阀时间响应特性的因素中,除了驱动电路的优劣,电磁阀本身的结构形式、结构参数、衔铁的工作行程、电磁线圈的参数、弹簧的结构参数、电磁阀的材料等方面也是很重要的。下面利用 ANSYS 软件,以磁场瞬态分析法对电磁阀各结构参数对其动态响应特性进行有限元分析。

5.1.1 电磁阀的有限元建模

考虑到铁芯及衔铁材料都采用较高磁导率的材料制成,并且铁芯和衔铁间

的间隙极小(0.05 ~0.15mm),因此作如下假设[81]:

(1)所有导线上的电流密度均匀分布;

(2)忽略磁滞效应;

(3)铁芯及衔铁中的磁导率各向同性;

(4)不考虑涡流的影响。

柴油机电控燃油喷射系统用电磁铁通常设计成螺线管式,这种电磁铁的线圈绕在电磁铁中间的空腔中,线圈多层绕制,电磁铁通过环形吸合面对衔铁产生吸力。螺线管式电磁铁为一种轴对称结构,磁力线的分布是以电磁铁的轴线为中心,在两吸合面间形成磁回路。图 5-1 是简化后的结构模型,其中衔铁远离铁芯那一部分对磁路影响极小,因此不作考虑。同时,由于其为轴对称结构,并且利用二维形式完全能够反映其三维情况,因此为减少计算量,提高计算精度,对螺线管电磁阀磁场的分析采用 2D 轴对称模型分析。在本书中网格划分采用四边形 8 节点的 PLANE53 单元进行划分,实际的有限元网格模型如图 5-2 所示。

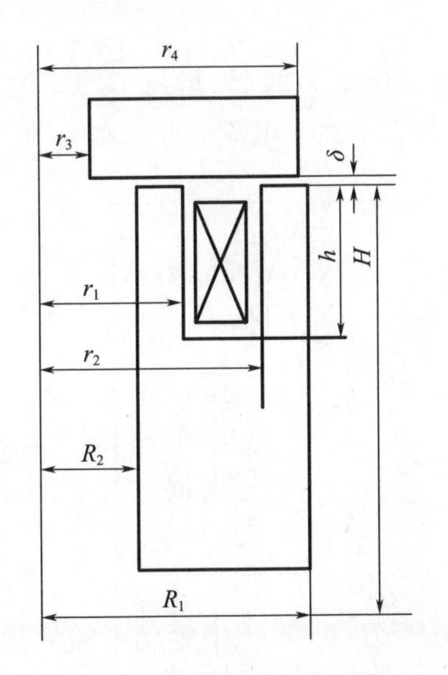

图 5-1　电磁阀二维分析模型

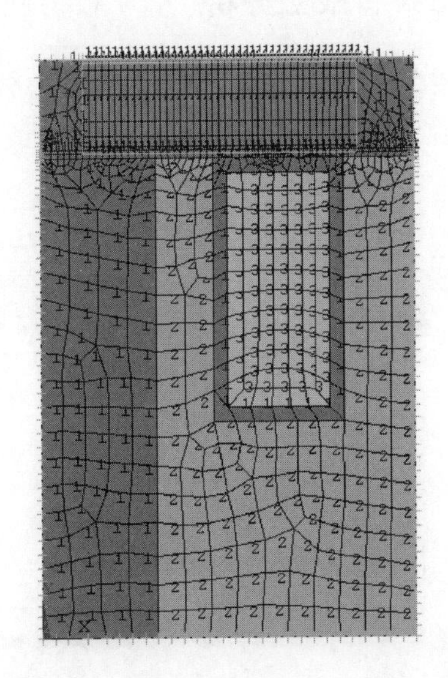

图 5-2　网格划分示意(见书末彩图)

表 5-1 为在上述模型上,线圈结构、材料属性、加载电压等参数。在加载分析时,采用二维瞬态分析,在瞬态分析中,边界条件和载荷都是时间的函数。图 5-3 为线圈上加载电压随时间的变化情况。

表 5－1　有限元分析加载设置

线圈结构参数	电阻率 ρ	铜 $1.68\times10^{-8}\Omega\times\mathrm{m}$
	线圈匝数 N	100
	电磁铁结构参数	见图 5－1
	线圈窗口面积	$2.73\times10^{-5}\mathrm{m}^2$
	线圈的填充系数	0.95
	线圈电阻	$R=\rho L/s=\rho\pi dN/(\pi d_{线}^2/4)=2\rho(d_1+d_2)N/d_{线}^2$
铁芯与衔铁材料	材料	工业纯铁(TD4C)
	平均磁导率	B－H 曲线[94]
电压加载	采用阶跃、斜坡加载相结合的方法进行电压的阶跃、斜坡加载	

5.1.2　有限元分析

图 5－3、图 5－4 分别为电压加载 6ms 后的磁力线、矢量显示的磁流密度图。图 5－5、图 5－6 为电磁吸力及线圈单元上节点上电流的变化示意图。

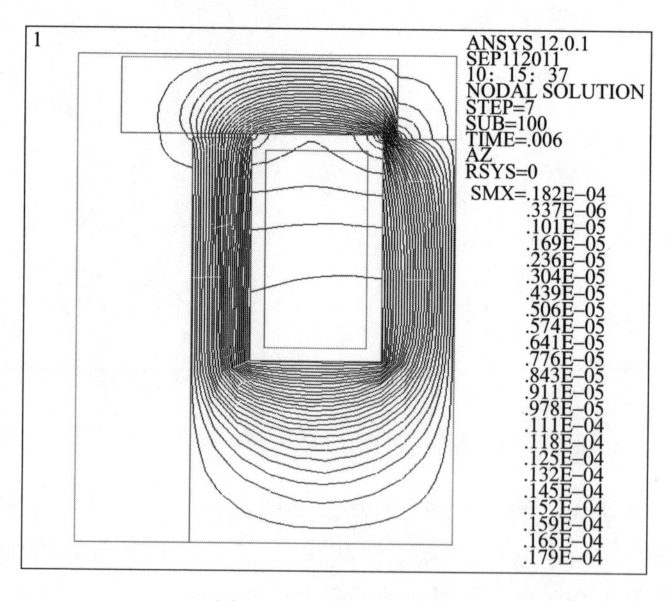

图 5－3　磁力线分布图

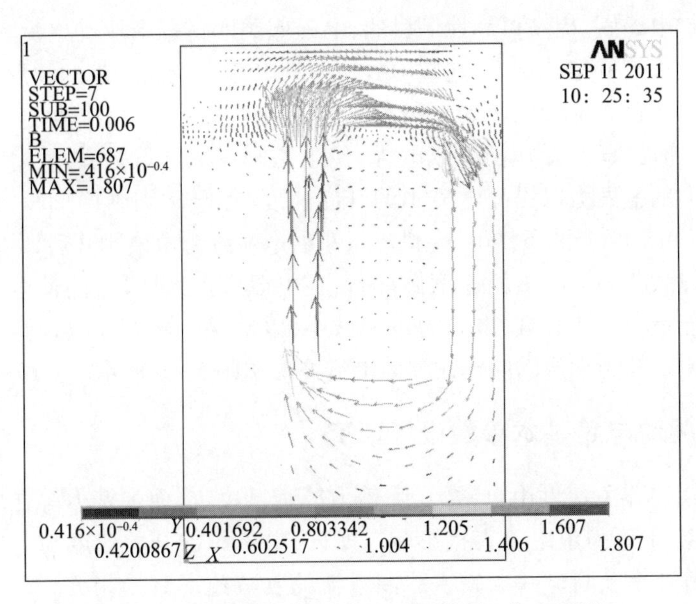

图 5-4 磁力线示意电流输出信息窗(见书末彩图)

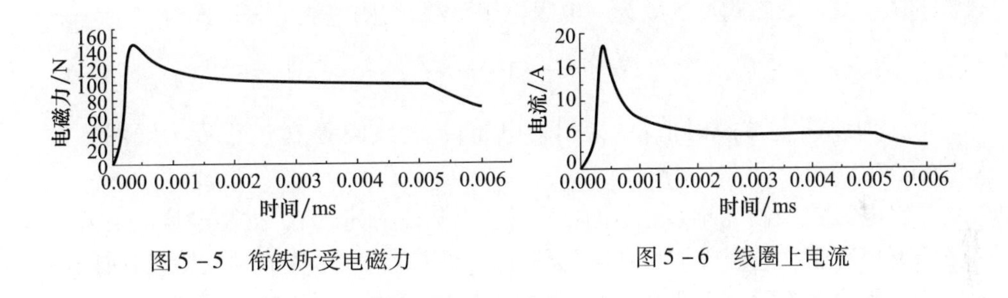

图 5-5 衔铁所受电磁力　　图 5-6 线圈上电流

5.2 高速强力电磁铁驱动电路设计

由于柴油机电控单元输出的控制信号为 +5V 的 TTL 弱电信号,而电磁阀(执行器)是一个大功率器件,故在控制信号和电磁阀之间必须加装驱动电路。为了使电磁阀快速准确地开关,除了要求阀体本身制作精密外,还需要一个高效的驱动电路。

5.2.1 驱动电路的设计要求

电磁阀驱动过程是一个涉及机、液、电、磁等诸多因素相互作用的过程[96,100]。

为达到保护电磁阀、提高可靠性等目的,电磁阀关闭过程对驱动电流大小、持续时间等参数都有一定的要求,这些参数使驱动电流表现出特定的波形。国内外众多学者对高速电磁阀的驱动进行了大量的研究[95-101]。研究表明,在电磁阀开启阶段,能提供较高的电流(或电压)给电磁阀实现能量强激,使电磁阀尽快产生足够大的电磁力以提高电磁阀的开启速度;在电磁阀维持阶段(图示 t_1—t_2),在保证可靠吸合的条件下,提供尽量小的电流维持电磁阀开启,从而节省耗功,防止过热,并为加快关闭速度做准备;在电磁阀关闭阶段,能使电磁阀线圈中储存的能量应尽快衰减,电磁力迅速减小,以确保电磁阀在复位弹簧的作用下迅速关闭。较为理想的阀体线圈的电流波形如图 5-6 所示。

5.2.2 驱动电路基本参数设计研究

电磁阀的开关速度由电磁力、弹簧力等直接决定,而弹簧力等在电磁阀安装后即确定,电磁力由电流直接影响。所以,电磁阀的开关速度与电磁铁线圈电流的上升速率及断电时电磁铁线圈电流的衰减速率直接相关。为提高电磁阀的开关速度,要求线圈开启电流具有很高的上升速率,而维持电流在断电时要迅速衰减。电磁阀可等效为一电阻电感负载,线圈电流的表达式为[98]:

$$i=\frac{U}{R}(1-e^{-\frac{tR}{L_1}}) \tag{5-1}$$

式中:i 为线圈电流瞬时值;U 为驱动电压;R 为线圈等效电阻;L 为线圈等效电感。

在电磁铁绕制完毕后,其电阻及电感也随之确定,为了提高电流的上升速率需要提高驱动电压或加大高压驱动的脉冲宽度。在电磁阀通电阶段,瞬间高电压能加快电流的上升速率,有助于实现电磁阀的快速开启,但是过高的电压也会引起能量的损耗。因为在一定的条件下,电磁力只与磁通 Φ 有关,当到达磁饱和后,电磁力不会有显著的上升,即电磁阀中继续升高的电流很大一部分会全部转化为热量,增加系统能耗和散热问题。高压脉冲宽度(高电压作用时间)对电流升高率的影响与高压大小对特性的影响规律相类似。由于电磁阀在工作阶段所需要的能量 E_p 是基本固定的,过多注入的能量会转化为热量,对系统能耗和散热不利。所以驱动电压和高压驱动脉冲宽度的大小需要进行合理选择[96]。

$$TU=I_pL_1=\sqrt{2E_pL_1} \tag{5-2}$$

高压作用时间对电磁阀快速响应特性的影响与高压大小对特性的影响规律相似,峰值电流 I_p 会随着高压作用脉冲宽度的增大而增大。实际中,应以电磁阀的响应为目标，用逐渐增大驱动电压和高压脉冲宽度的方法来确定最佳的电压值及其作用时间。

由于电磁阀线圈为蓄能元件，当电磁阀断电时，电磁阀中存储的能量需要通过一定的回路吸收或转移。电磁阀的驱动电流截止时间越短，则喷射截止就越迅速。同时，电流截止时间越短，在电磁阀内阻上消耗的能量越少，电磁阀发热越少[96]。这里采用二极管－电阻续流电路（图 5－7 中，$D-R_7$）。但泄放电阻不宜过大，否则会导致 MOS 管的漏源端的电压峰值过高而损坏 MOS 管，其漏源端的电压计算公式为[102]

$$V=\left(1+\frac{R_S}{R_L}\right)U \tag{5-3}$$

V 受三极管漏源极击穿电压的限制，设击穿电压为 U_{dsr}，则

$$R_S<R_L(U_{dsr}/U-1) \tag{5-4}$$

泄放电阻太小，则衰减时间常数$\left(\tau=\frac{L}{R_S+R_L}\right)$大，泄放时间长，且会导致维持电流波动较大以及续流电路的振荡。

为方便研究，这里仅以单电压驱动方式为例，研究驱动电路基本参数对电磁阀驱动效果的影响，电路结构如图 5－7 所示。在该电路中采用直流电源电压驱动，利用电控单元发出的脉冲信号（其宽度实时可调）控制 MOSFET 管（MOS 管，根据电压及关断和导通时间进行选择）的开关状态，实现电磁阀的开关控制。

图 5－7 中 R_1 和 C_1（电解电容）组成的限流蓄能电路；R_0 与 L_0 为电磁阀的等效电阻与等效电感；R_2 与快恢复型二极管 D_1 构成续流电路（续流电路也可以用单向瞬态抑制二极管代替），C_2、R_5 与 D_2 构成 RCD 吸收电路（保护 MOS 管免受开关电压电流的冲击）。为了对栅极加以保护，在栅源极之间接一对稳压管，以对出现在栅极处的任何破坏性尖峰电压进行钳位。为了防止电磁干扰窜入，采用光电耦合器进行控制信号和驱动电信号的隔离，且将光电隔离器输出端接地与其他接地分开，以加强系统的抗干扰能力。光耦采用 TLP521，为线性光耦。如果使用非线性光耦，有可能使振荡波形变坏，严重时出现寄生振荡，使数千赫兹的振荡频率被数十赫兹到数百赫兹的低频振荡依次调制。MOS 的保护电路也可采用双向瞬态压制器（transient voltage supressor，TVS），当 TVS 的两极受到瞬态高能量冲击时，它能以 1×10^{-12}s 量级的速度，将其两极的高阻抗变成低阻抗，吸收高达数千瓦的浪涌功率，将 MOS 的 DS 极两端的电压箝位于一个预定值，有效地保护线路中的 MOS 管免受各种浪涌电压的损坏。

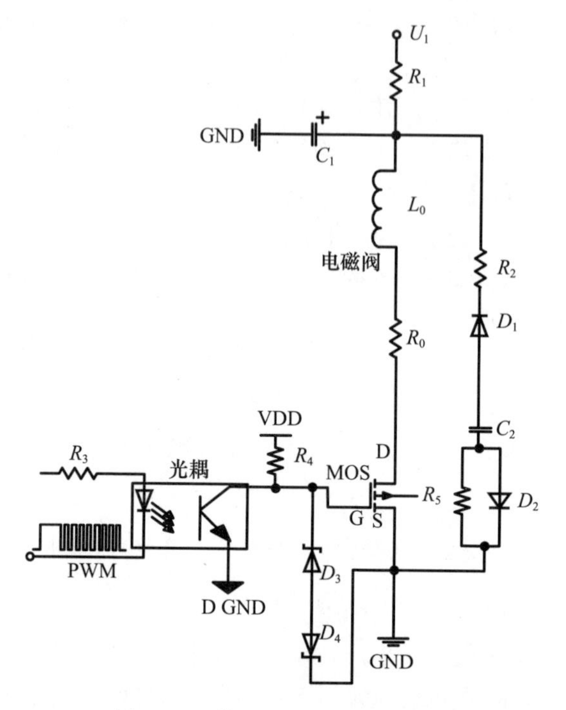

图 5－7 单电压驱动方式示意图

驱动电路工作过程为：当脉冲为高电平时，则光电耦合的输入端二极管导通发光，三极管 ce 截止，MOS 管栅极（G 极）为高电平，功率管导通。存储于电容 C 内的能量释放出来，使流过电磁阀线圈（通常使用电阻电感串联模拟，图中 R_0、L_0）上的电流迅速上升，而 R_1 限制了电源电流的突变，将电源提供的电流波动限制在较小的范围内。当脉冲信号为低时，功率管截止，电磁阀电流被迅速切断。同时电源又通过 R_1 给 C_1 充电，随着 C_1 的电压升高，电源的电流逐步减小，为下一次驱动做准备。

本书以某 PCV 阀（电阻 18Ω，电感 27mH，匝数：1570 匝）的驱动电路为例，进行其驱动电路基本参数的仿真设计。

为保证每次 C_1 中储存的能量足以驱动泵控制阀，其容量要比较大，但太大又会导致充电时间过长，最后导致实际驱动电压的降低。为保证 R_1 的限流作用，其阻值要较大，但过大则其消耗的功率势必增大，使效率下降。所以 R_1 和 C_1 需要认真选择。

在电路中改变电容值，比较电磁阀上的电流峰值及其出现的时间，从而选择最佳的电容值。在脉冲频率 100Hz、占空比 50%、幅值 15V、电源电压 120V

时,$R_1=20\Omega$,改变 C_1 参数进行电路仿真。测得电磁阀电流波形,如图 5-8 所示。

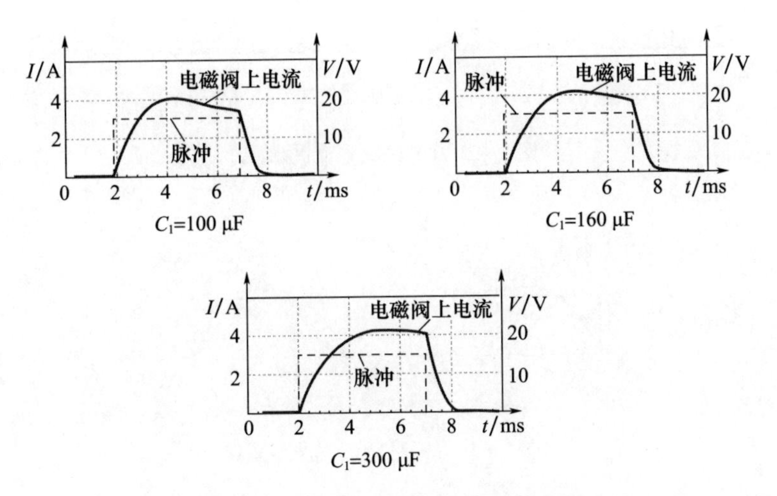

图 5-8 仿真的电磁阀上电流波形图

由图 5-8 可见,随着电容增大,电流峰值增加,但达到峰值电流的时间及脉冲关断后电磁阀电流衰减时间也增长。通常在 $C_1=L_0\times(1.4/R_1)^2$(本书中为 163μF)左右取值,可以使电磁阀上的电流在较短的时间内达到较大的峰值。在保证电容放电能量足以驱动电磁阀的前提下,应尽可能减小放电电容的大小,以缩短电容的充放电时间。暂定 $C_1=160\mu F$。

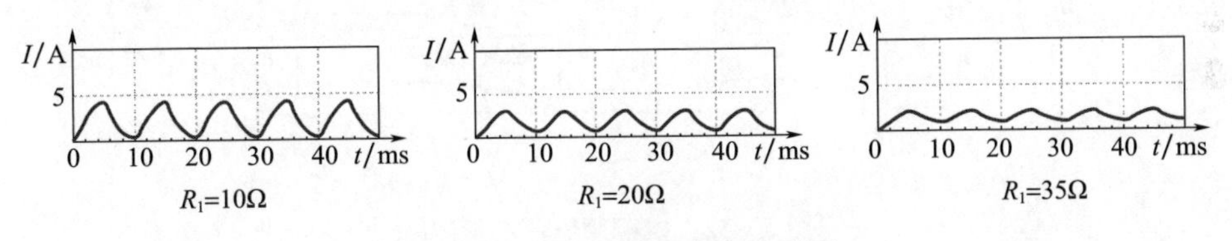

图 5-9 仿真的电源电流波形图

由图 5-9 可见,随着电阻的增大,电源电流波动变小。考虑到 R_1 上消耗的能量以及在它上面的压降等其他因素,选择 $R_1=35\Omega$。当选定 R_1 后,再小幅改变电容 C_1 的值,进行电路仿真。

由图 5-10 可见,随着电容的增大,电源电流波动变小。考虑到 C_1 电磁阀上的峰值电流出现时间及电容体积大小等其他因素,选择 $C_1=210\mu F$。可测得此时的功率平均约为 85.436W,功率因数为 0.712。脉冲、电磁阀上的电流关系如图 5-11 所示。

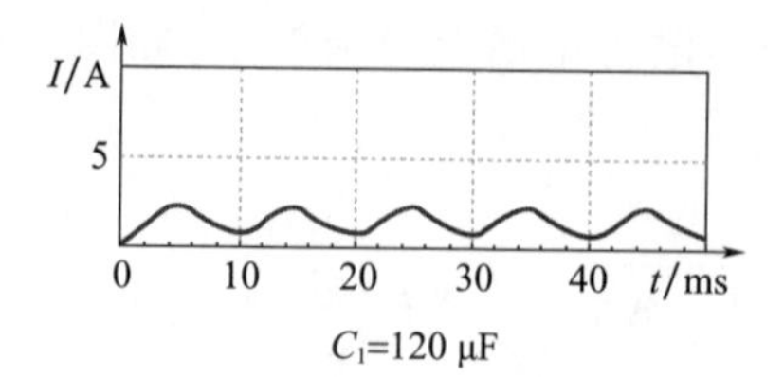

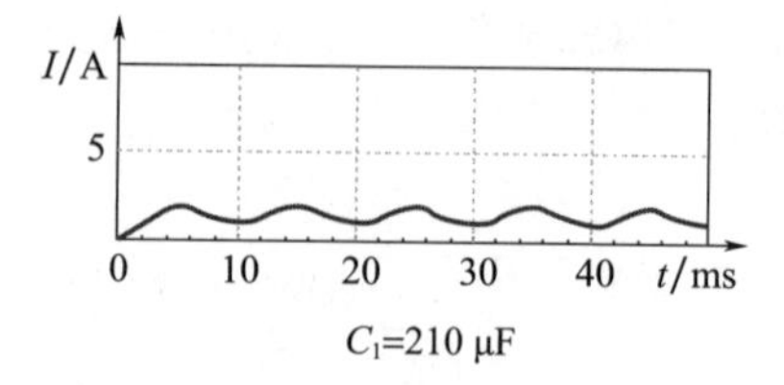

图 5－10　电磁阀电流波形图

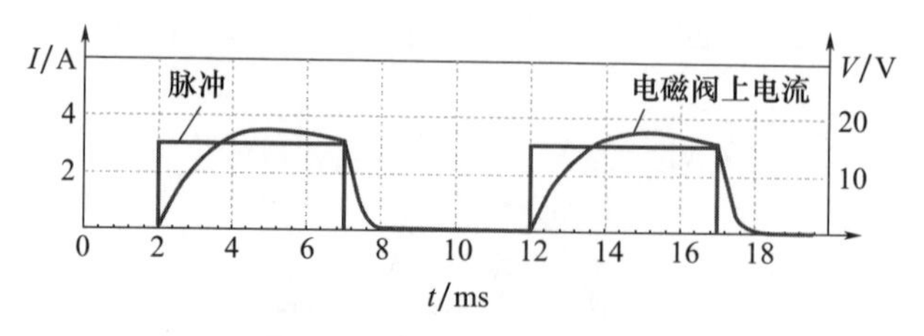

图 5－11　电磁阀电流波形图

在驱动电源电压为 24V(蓄电池电压),脉冲 100Hz、占空比 50%,幅值 15V 时,改变 R_1、C_1 参数进行电路仿真。同样地可得到电源电流波形(图略)。经分析比较后,选择 $R_1=0\Omega$、$C_1=0\mu F$,即不需要电容 C_1 及限流电阻 R_1。可测得此时的功率为 7.27W,功率因数为 0.596。脉冲、电磁阀上的电流关系如图 5－12 所示。

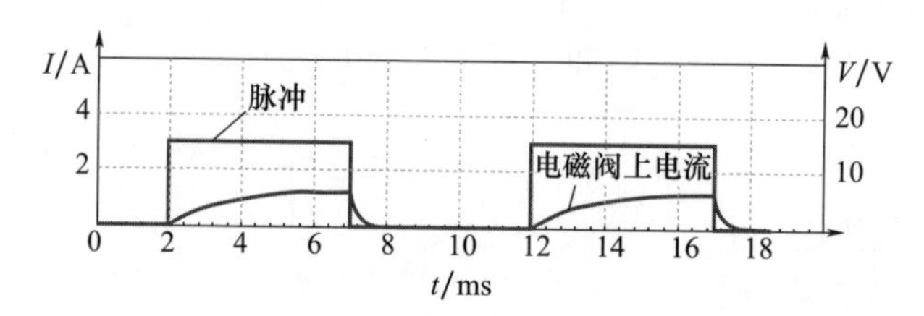

图 5－12　电磁阀电流波形图

由图 5－11 及图 5－12 显示:当为高电压驱动时,可瞬时得到高的电磁阀启动电流,但此时电磁阀上消耗的功率太大,发热太高,影响系统稳定性和工作寿命;采用低电压驱动则耗功较小,但不能瞬时得到高的电磁阀启动电流。综合两种驱动方式的优点,本书提出了以下两种方式的驱动电路。

5.2.3　脉冲宽度调制式驱动电路的设计

脉冲宽度调制(PWM)式驱动电路与单电压驱动方式相同,见图 5－8。在该电路采用 +120V 直流电压(电压根据实际电磁阀驱动需求而定)驱动,利用柴油机电控单元发占空比可调的 PWM 信号控制 MOS 的开关状态,改变输出电压的平均值,实现“峰值——维持值”波形的调节方式。

其工作过程为:电磁阀的启动过程同 +120V 高压驱动方式。只是电磁阀开启后,电路立即转为 PWM 运转方式,由于 PWM 脉冲波的频率远远大于泵控制阀响应频率,因此线圈上得到的脉冲流的时间平均就降成了恒定的维持电流,且此电流的大小可以通过调节 PWM 占空比进行控制。后期控制信号为低电平时,光电隔离器导通,功率管截止,从而快速切断电磁阀电流使电磁阀迅速关闭。这时电源又通过 R_1 给 C 充电,随着 C 的电压升高,电源电流逐步减小,为下一次驱动电磁阀做准备。

利用了 3 个方波信号源进行组合,即可建立 PWM 式驱动电路的仿真模型。采用与 5.2 节同样的方法可确定 $R_1=10\Omega$、$C_1=1.5\text{mF}$。当开启脉冲宽度为 1.8ms,PWM 占空比为 0.5、频率为 10kHz 时。脉冲、电磁阀上的电流关系如图 5-13 所示。可见在维持阶段电磁阀上的电流,会出现小幅波动。

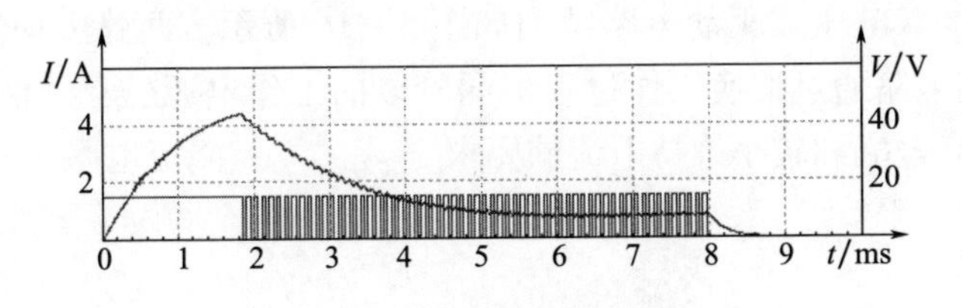

图 5-13 电磁阀上电流波形

当开启脉冲宽度为 1.8ms,PWM 占空比为 0.2、频率为 10kHz 时。脉冲、电磁阀上的电流关系如图 5-14 所示。可见,与图 5-13 相比,在其他条件不变的情况下,电磁阀上的电流幅值随占空比的减小而减小。当脉冲信号结束后,电磁阀上的电流衰减时间有明显的减短。

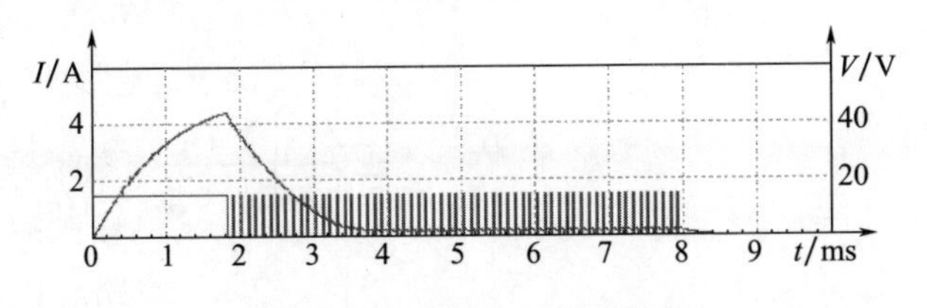

图 5-14 电磁阀上电流波形

当开启脉冲宽度为 1.8ms,PWM 占空比为 0.5、频率为 5kHz 时,脉冲、电磁阀上的电流关系如图 5-15 所示。可见,与图 5-13 相比,在其他情况不变的条件下,电磁阀上的电流随着维持脉冲的频率的减小,波动明显增大。

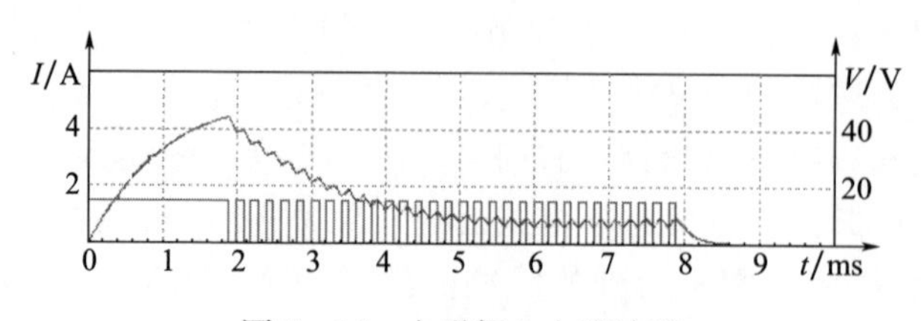

图 5－15　电磁阀上电流波形

综上所述,这种驱动方式可以达到较高的控制精度,满足柔性控制要求。PWM 占空比是维持电流大小的主要影响因素;PWM 脉冲频率越大,维持电流的稳定性越好。理想电流波形的产生需要软件的参与,这将占用过多的电控单元的资源,且大大增加控制程序的负担,为此需要设计一种简洁、高效、可靠的纯硬件方式的驱动电路。

5.2.4　双压分时式驱动电路的设计

电磁阀的双电压式驱动电路结构如图 5－16 所示。两路中使用两路独立的电源,控制电路通过切换工作过程不同阶段的工作电源(电压幅值),实现提供较大的开启电流和较小维持电流的要求。

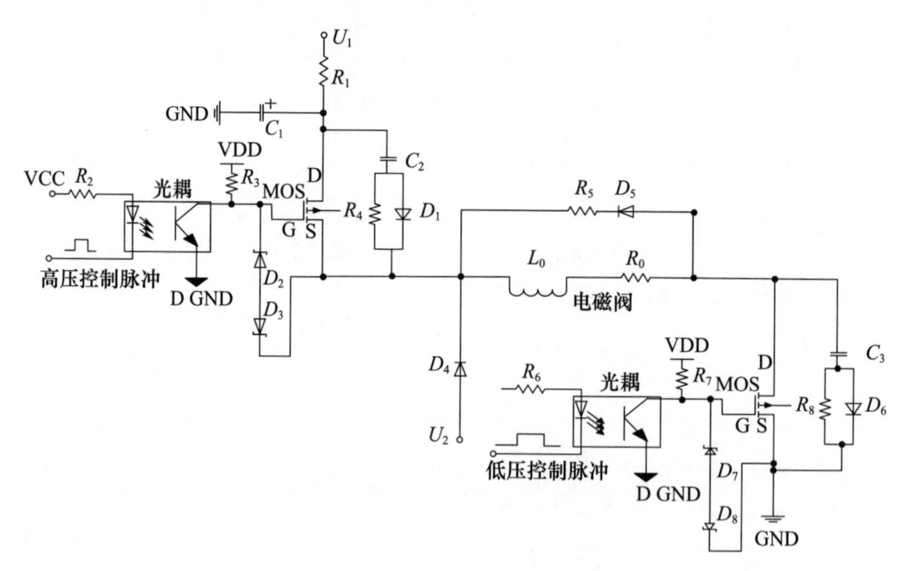

图 5－16　双压分时式驱动电路

其工作过程与 PWM 式驱动电路类似,只是 PWM 式驱动电路在电磁阀维持阶段的维持电流是通过调节 PWM 的占空比实现的;而双电压式驱动电路则通过两路控制信号实现高低电压的切换，达到提供较小维持电流，减小能量消耗的目的。简单地说就是，当两路控制信号都为高电平时，MOS 管 Q_1、Q_2 都导通，这时 24V 低电压被截止，120V 高电压作用于电磁阀，使驱动电流升高，加快电磁阀开启速度。当高压控制脉冲为低电平而低压控制脉冲为高电平时，24V 低电压给电磁阀提供电源直到低压控制脉冲也变为低。

建立电路模型，采用上文所述同样的方法可确定电容、限流电阻，改变高压脉冲宽度进行仿真。

高压控制脉冲宽度 2.5ms，低压控制脉冲宽度 10ms，且脉冲周期均为 20ms 时，电磁阀上的电流如图 5-17 所示。可见当高压控制脉冲宽度大于 1.8ms 以后电磁阀上的电流上升就变得很缓慢了。测得电磁阀消耗的功率平均约为 58.048W，功率因数约为 0.815。

为了最大限度地减小电磁阀上的功耗，高压控制脉冲宽度应在 1.8ms 左右比较合适。改变高压控制脉冲宽度为 1.8ms，仿真结果如图 5-18 所示。测得电磁阀消耗的功率平均约为 35.568W，功率因数约为 0.776。可见此时不但能在电磁阀上快速建立大的开启电流，而且功率较小。所以采用双压式驱动电路时，则微控制器应同时发出高压控制脉冲和低压控制脉冲，且高压控制脉冲宽度为 1.8ms，低压控制脉冲宽度根据轨压调节的需要而改变。

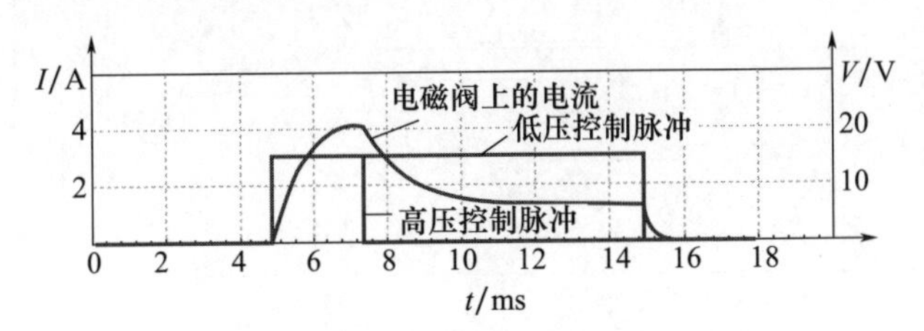

图 5-17 驱动电流波形

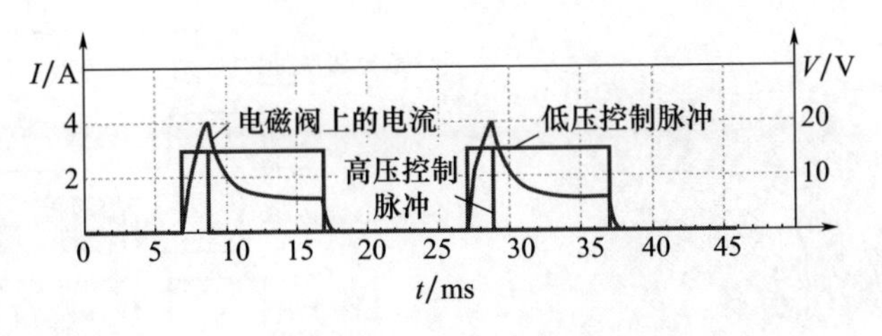

图 5-18 驱动电流波形

综上所述，这种驱动方式同样可以达到很高的控制精度，满足柔性控制要求。且这种驱动方式，电流波形的改变不会增加控制程序的负担。这种驱动方式还有一个优点：当去掉 +120V 高压电源，或使高压控制脉冲恒为低电平时，电路就可用于低压驱动方式；当去掉 +24V 低压电源并使低压控制脉冲的宽度等于高压控制脉冲的宽度或控制脉冲宽度波的总宽度，则电路就可用于高压驱动方式或控制脉冲宽度驱动方式。

双压分时式驱动电路通过改变电磁阀工作过程中不同阶段的工作电压，达到提供较大峰值电流和较小维持电流、加快开启响应和减少能量消耗的目的。这种电路的设计虽然释放了电控单元资源，但需要提供两种不同的功率电压，增加了整个电路的复杂性，为此这里提出以下两种单电源单开关电路。

5.2.5 单电源单开关自斩波驱动电路的设计

单电源单开关自斩波驱动电路如图 5 - 19 所示，控制脉冲生成逻辑如图 5 - 20 所示。

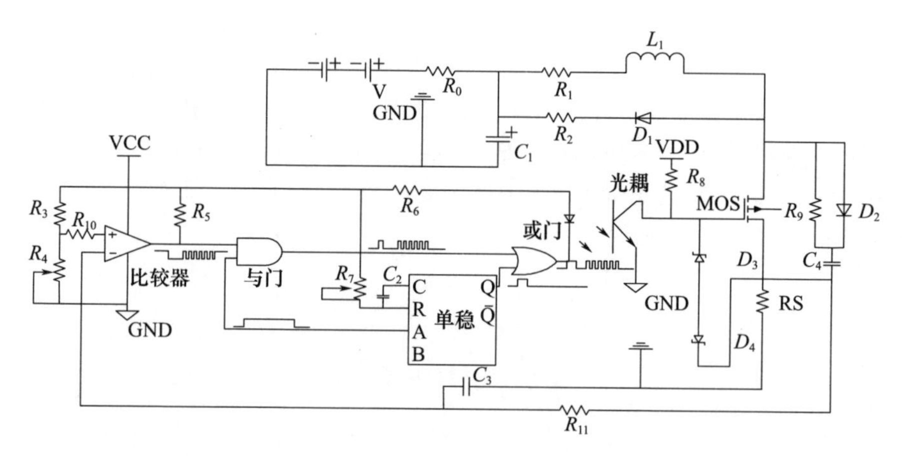

图 5 - 19　单电源单开关自斩波驱动电路

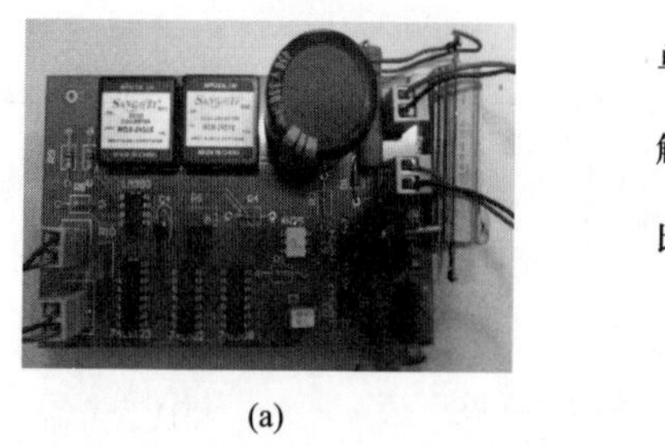

(a)

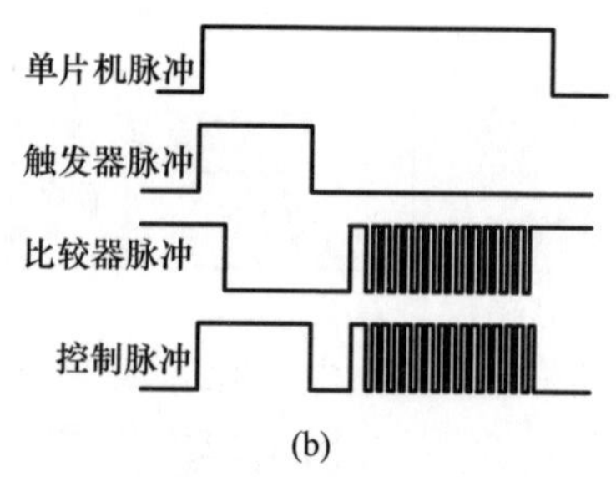

(b)

图 5 - 20　控制脉冲生成逻辑

(a) 驱动电路实物；(b) 控制脉冲生成逻辑图。

具体工作过程为:微控制器发出控制脉冲 1,一路直接进到与门,另一路经单稳触发器形成高压定宽脉冲 2(脉冲宽度的选取可参照公式[96] $T = L_1 I_{峰}/V_{驱}$,触发器中 $T = 0.45R_7C_2$),再进入或门。开始时刻取样电阻 R_S(由于 NMOS 管导通时需要栅极电压大于源极电压 10V 左右,所以采样电阻 R_S 的阻值尽量小,以保证 MOS 管可靠开启)上的电压为 0,比较器输出高电平,同脉冲 1 相与为高,再同触发器输出的高电平相或仍为高电平,此时 MOS 管导通。电磁阀感性线圈上的电流成指数很快上升。当脉冲 2 变为低电平时,电磁阀中的电流(峰值)已经远超于维持电流,取样电阻上的电压大于给定电平(由 R_3/R_4 的值决定),比较器反转,输出也为低电平。因此,MOS 管截止。此时,电流将按指数曲线下降至低于维持电流时,取样电阻上的电压小于给定电平,比较器 1 又反转,输出高电平,使 MOS 再次导通,电流又上升。如此反复,电流就稳定在维持电流上,形成小小锯齿波,直到脉冲 1 变为低电平,MOS 管截止,电磁阀中的电流在续流电路的作用下很快下降到 0。

由于电磁阀的开启瞬间功率比较大(千瓦级),而平均驱动功率小(约 20W),使用输出功率为千瓦级的电源显然不合理,为此添加了由 R_0 和 C_1 组成的限流蓄能电路。当 MOS 截止时,电源通过 R_0 给 C_1 充电,当 MOS 管导通时,存储于电容 C_1 内的能量释放出来,使流过电磁阀线圈上的电流迅速上升,同时 R_0 限制了电源电流的突变,将电源提供的电流波动限制在较小的范围内。C_1 小,则其储能量不够驱动电磁阀;C_1 大,则充电速度小,导致电磁阀上的实际驱动电压的下降。通常电容值应在 $\alpha = R_1\sqrt{C_1/L_1} = 1.4$ 附近选取[81]。R_0 需要一定的阻值以保证限流作用,但其阻值过大,又会导致电容充电慢,充电过程 R_0 上消耗的能量增大,因此 R_0 和 C_1 参数是需要优化选择的。

该驱动电路只需要一个电源、一个 MOS 管和一路控制信号,结构简单。由于电磁阀电流波形的产生不需要控制器的参与,大大减小了控制器编程负担。对于不同的电磁阀,只需根据其基本电气参数,选择不同驱动电源和限流储能电路,并且通过调节 R_7(阻值越大,峰值电流值越大)来调节峰值脉冲大小,调节 R_4(阻值越大,维持电流值越大)来调节维持电流大小就能满足需求。因此,该驱动电路可具有广泛的应用空间。

建立电路模型,仿真研究各电气参数对电路影响。改变触发器外接可调电阻 R_7 的值,即改变高电压脉冲宽度(50μs、76μs、105μs、150μs、190μs),对电磁阀峰值电流的影响见图 5-21。改变电压值(24V、48V、80V、100V、120V),电磁阀上电流如图 5-22 所示。设定高压脉冲宽度为 150μs,电压值为 100V,改变可调电阻 R_4 的值,即改变比较器给定电平值即可改变电磁阀上的维持电流大小(1A、3A、4A、4.5A、5.5A),如图5-23所示。

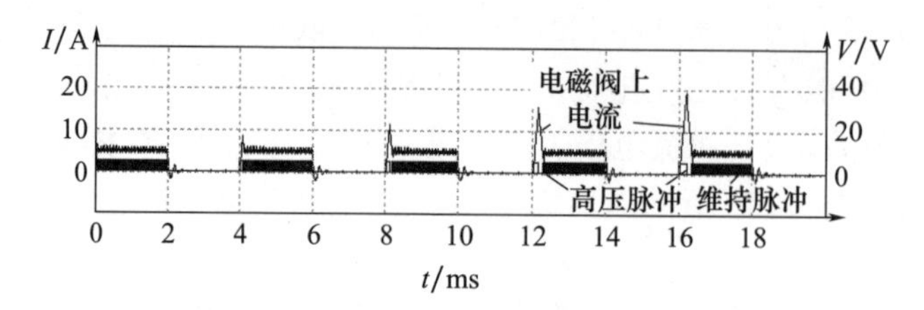

图5-21　高压脉冲宽度对电流的影响

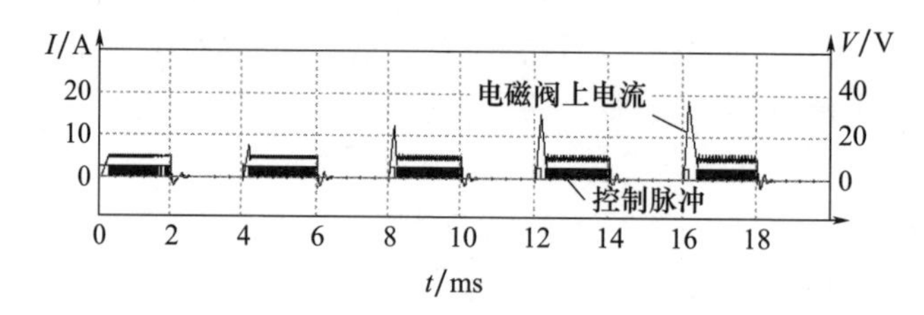

图5-22　电压值对电流的影响

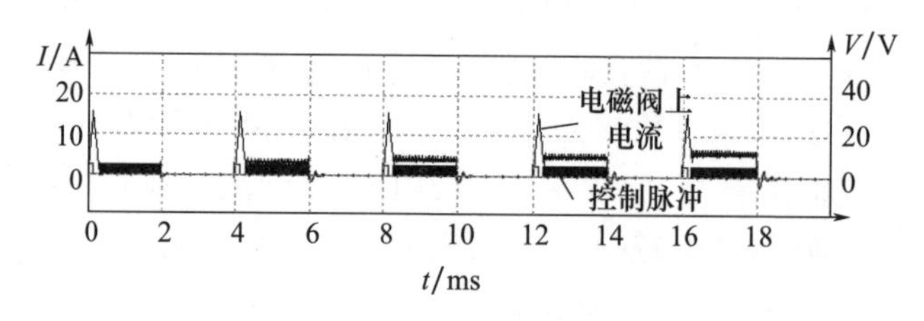

图5-23　可变维持电流

在实际电路中设置高压脉冲宽度为0.24ms,比较器电压值为0.14V,改变电源电压分别为24V、48V、60V、100V,电磁阀上的峰值电流逐渐增大。增压泵电磁阀上试验控制波形与电流波形,见图5-24。设置电源电压为45V,比较器电压值为0.14V,改变高压脉冲宽度分别为0.12ms、0.24ms、0.32ms、0.64ms,电磁阀上的峰值电流逐渐增大,见图5-25。设置电源电压为45V,高压脉冲宽度为0.24ms,改变比较器设定电压值分别为0.1V、0.22V、0.4V、0.7V,电磁阀上的维持电流逐渐增大,见图5-26。

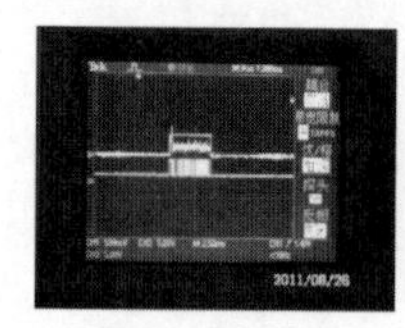

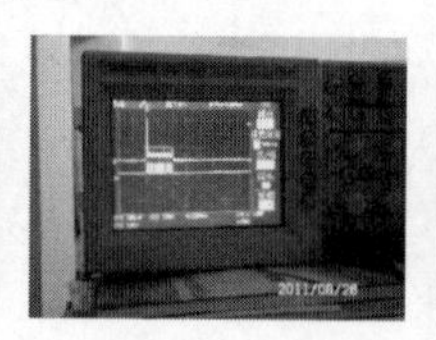

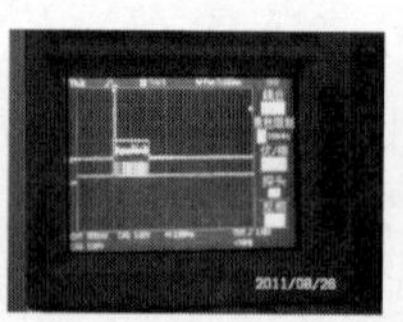

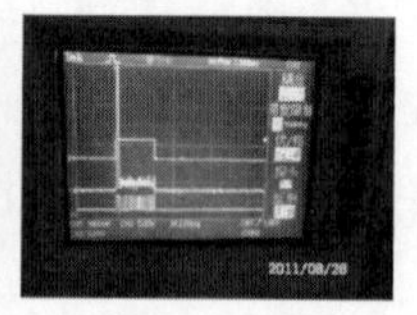

图5-24　电源电压对电磁阀上电流影响

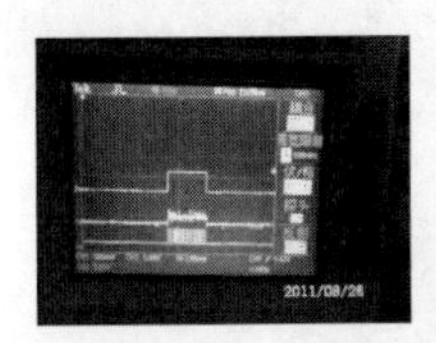

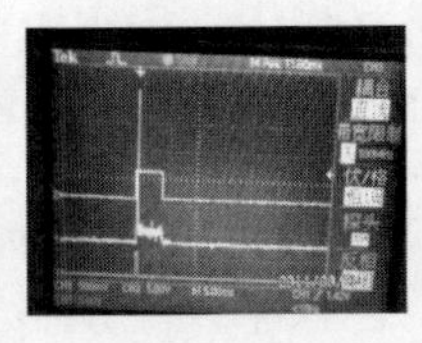
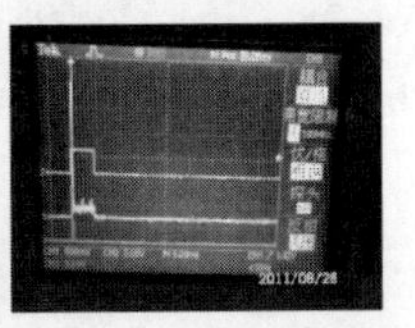

图 5－25　高压脉冲宽度对电磁阀上电流的影响

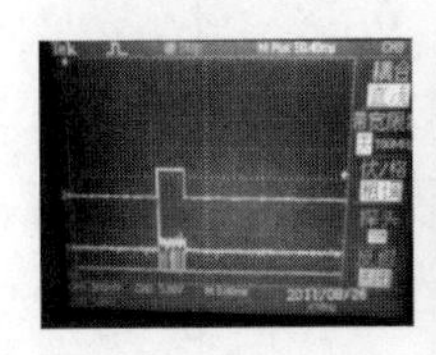
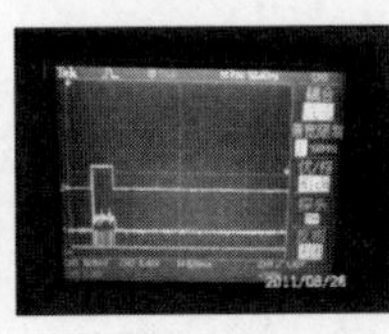
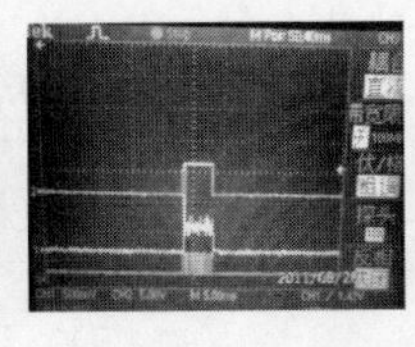
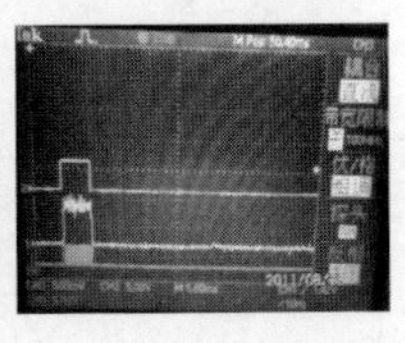

图 5－26　比较器电压对电磁阀上电流的影响

由图 5－24 和图 5－25 可见，提高线圈电压和电压作用时间（高压脉冲宽度宽带）能显著提高峰值电流和达到峰值的时间，从而加快电磁阀的响应，但过高会增加系统功耗。本书电控增压泵增压的压力波与控制脉冲之间的间隔时间，在响应速度和功耗上选择最优的高压大小和高压作用时间。对于喷油器电磁阀的驱动电压和电压作用时间的选择，则根据喷油率曲线与其控制脉冲的时间间隔。由图 5－26 可知，在维持电流大小的选择方面，可先测试出一个能确保衔铁可靠维持电流大小，然后适当调大。

电源单开关自斩波驱动电路采用升压变换的直流电压驱动，通过控制脉冲来控制功率管的通断，实现"峰值—维持"波形的电流调节方式。初期功率管全开，电流快速上升以使电磁阀迅速动作；中期采用脉冲宽度调制波，控制功率管通断，得到较小的恒定电流维持电磁阀动作以降低功耗；后期快速切断电流，以使电磁阀迅速断电。该驱动电路在一定程度上能够满足电控燃油喷射系统的要求，但随着对喷射控制精度要求的提高，其缺点也越来越明显。在电磁阀起始通电阶段采用恒定电压驱动，由于对电磁阀中的电流没有任何控制，却不能将峰值维持在一个固定合适值。随着驱动电压的提高，电磁阀充电电流峰值将会很大，这样电磁阀功耗大幅度增加，对寿命和稳定性产生不利影响[101]。为了克服这一缺点，实现峰值电流与维持电流双可调，特设计单电源单开关双维持驱动电路。

5.2.6　单电源单开关双维持驱动电路的设计

单电源单开关双维持驱动电路结构如图 5－27 所示，控制脉冲生成逻辑如

图 5 - 28 所示，该驱动电路仿真所得电磁阀电流波形如图 5 - 29 所示，使用该驱动电路驱动喷油器电磁阀，电磁阀上的电流波形及喷油率见图 5 - 30。

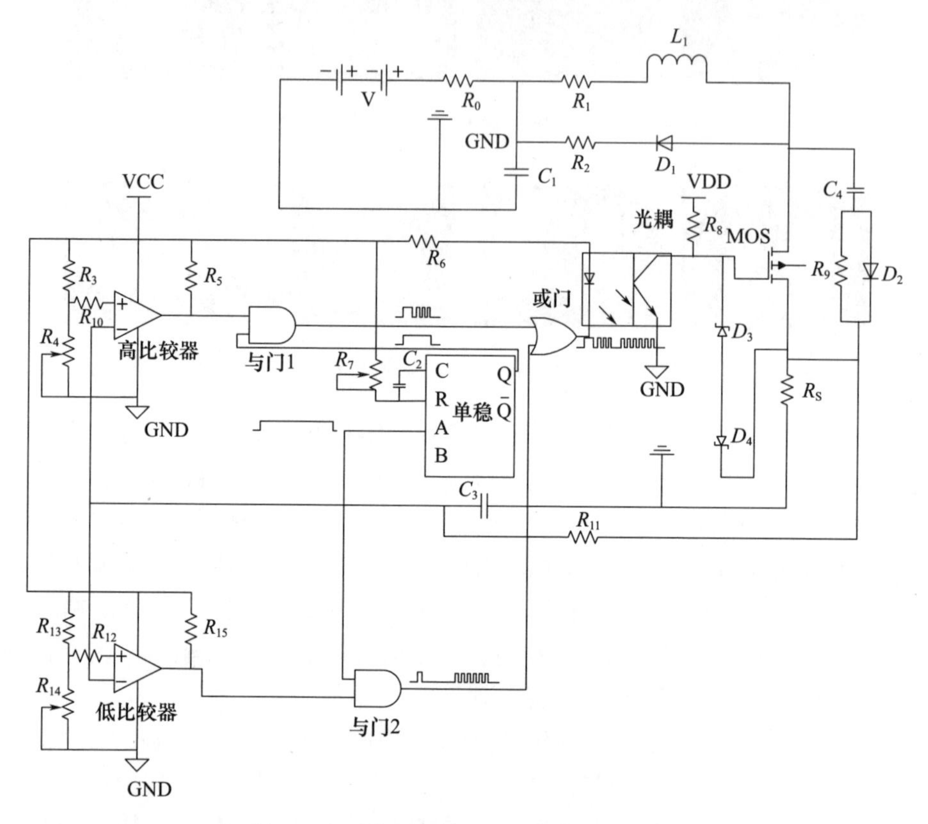

图 5 - 27　单电源单开关双维持驱动电路

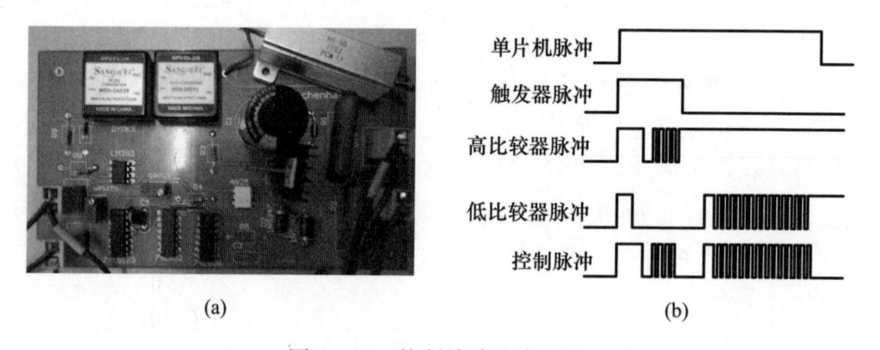

图 5 - 28　控制脉冲生成逻辑

(a)驱动电路实物；(b)控制脉冲生成逻辑图。

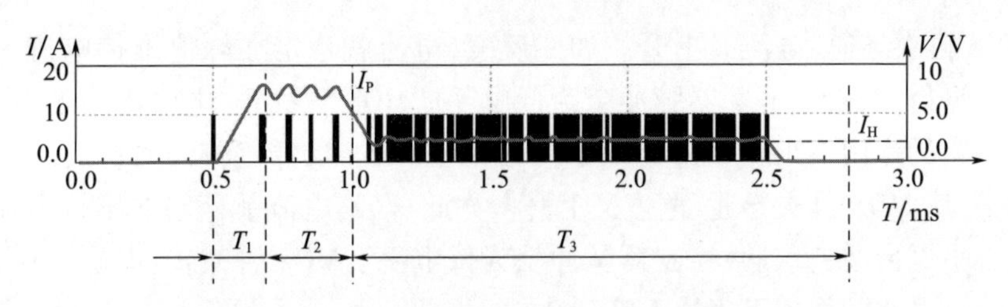

图5-29 单电源单开关双维持驱动电流波形

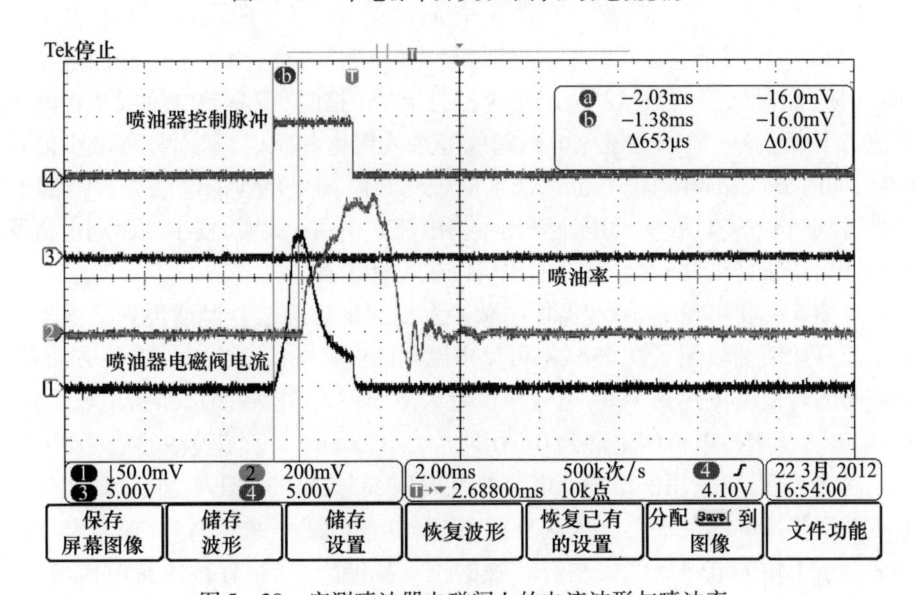

图5-30 实测喷油器电磁阀上的电流波形与喷油率

结合图5-27、图5-28，电路的工作原理阐述如下：微控制器发出控制脉冲，一路直接进到与门1，另一路经单稳触发器形成触发器脉冲，再进入与门2。开始时刻取样电阻 R_S 上的电压为0，两个比较器均输出高电平，高比较器输出同触发器脉冲相与为高，低比较器同单片脉冲的反相脉冲相与为高，两个信号相或仍为高电平，此时MOS管导通。电磁阀感性线圈上的电流成指数很快上升。当电磁阀中的电流超过维持电流，取样电阻上的电压大于给定电平（由 R_3/R_4 的值决定），低比较器反转，输出变为低电平，与微控制器脉冲相与仍为低。但是由于电磁阀电流小于峰值电流，取样电阻上的电压小于高比较器给定电平，高比较器仍输出高电平，电磁阀电流继续呈指数级上升直至达到峰值。这时，取样电阻上的电压大于高比较器上的电平，高比较器反转，输出变为低电平，同触发器脉冲相与为低，MOS管截止；电流将按指数曲线下降，降至低于维持电流时，取样电阻上的电压小于高比较器给定电平，高比较器又反转，输出高电平，使 MOS 再次导通,电流又上升。如此反复,电流就稳定在峰值维持电流上,形成小小锯齿波;直到触发器脉冲变为低电平。MOS 管截止,电磁阀中的电流在续流电路的作用下很快下降到低于维持电流。此时,低比较器再次反转,输出高电平,使 MOS 再次导通,电流又上升。如此这般,电流就稳定在维持电流上,形成小小锯齿波;直到微控制器脉冲变为低电平。MOS 管截止,电磁阀中的电流在续流电路的作用下很快下降到 0。

在如图 5-29 所示的驱动方式下,控制过程包括 3 个阶段:T_1 阶段,高电压(80~120V)作用于电磁阀线圈,加快驱动电流增长速度,缩短了电磁阀落座时间;T_2 阶段,对低压电源(12V 或 24V)进行 PWM 控制,使驱动电流维持在峰值电流 I_P 附近,这一阶段可避免电磁阀线圈进入磁饱和状态,从而显著减少能量消耗,同时,较高的峰值电流也保证了电磁阀线圈产生足够的电磁力;T_3 阶段,当电磁阀衔铁落座后,驱动电流降到维持电流 I_H 水平,此时,较小的驱动电流既可保证衔铁维持油路的封闭状态,也可降低电能消耗。

由图 5-30 可见,从喷油器控制脉冲发出到电磁阀打开泄油再到喷油器针阀抬起开始喷油仅用了 0.653ms,可见电磁阀的高速响应能力。从电流方面看,电磁阀的峰值电流达到 18A(电流钳设置为 10mV/A)并维持住,维持电流为 4A 左右,电流从维持电流值下降到 0A 用时约为 0.06ms,保证了喷油的快速结束。

总之,该电路采用恒定峰值电流的 PWM 控制策略的优化驱动逻辑,在保证电磁阀动作准确的前提下能大幅度降低驱动电流,减小能量消耗,提高电磁阀寿命。所采用的电流反馈控制有较强的抗干扰能力,能很好地维持电流波形,续流电路能够实现电磁阀电流迅速下降。

5.2.7 升压电路的设计和原理分析

柴油机蓄电池一般为 12V 或 24V,为实现电磁阀的高速响应必须进行升压处理。Boost 升压电路输出稳定、响应快速、节能效果明显。本书设计了一种升压电路,该电路由 MOS 管、PWM 发生芯片、储能电感 L_1、二极管 D_3、储能稳压电容 C_2 及滤波电容 C_3 等组成,如图 5-31 所示。

TL494 在工作时,其工作频率仅取决于外接在振荡器上的原件 R_2 和 C_1 的数值。占空比通过 R_1 调节。TL494 的工作频率可近似确定为

$$T = R_2 \cdot C_1/1.1 \tag{5-5}$$

当 MOS 管导通时,电源向电感储能,电感电流增加,感应电动势为左正右负,负载由电容供电。当 MOS 管截止时,电感电流减少,感应电动势为左负右正,电感中能量释放,与输入电压串联经二极管向负载供电,并同时向电容充

电,这样把直流低压变换成直流高压。

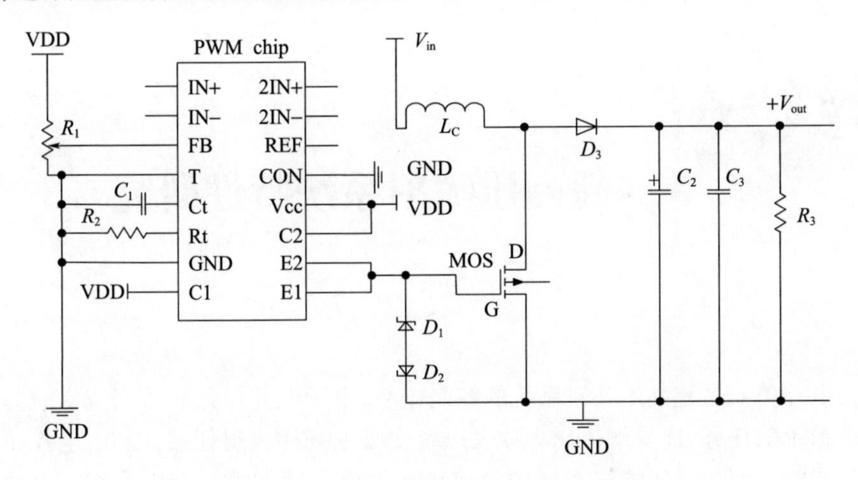

图 5-31　基于 TL494 的 BOOST 升压电路

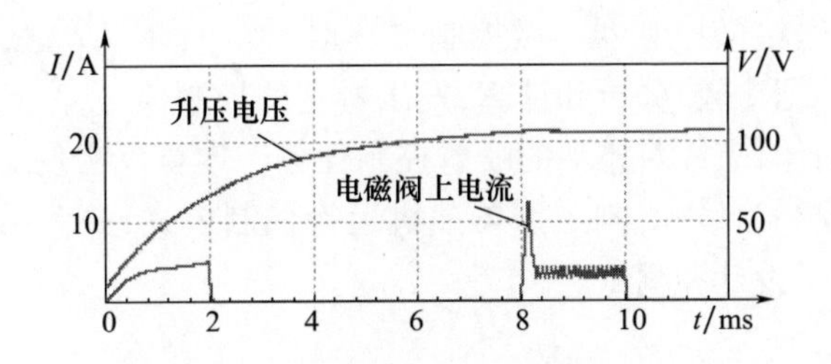

图 5-32　升压电压及电磁阀上电流

Boost 电路中电感设计有两个基本要求:一是要使电路尽量工作在电流连续工作状态下,二是要保证电感流过峰值电流时不能饱和。在电感电流连续状态下电感以及输出的纹波电压小于 2V 的限值条件下,电感 L_c 和电容 C_2 的临界参数值设置根据如下公式:

$$L_c \geqslant \frac{U_{out}T}{2I_{out}}D(1-D)^2 \tag{5-6}$$

$$C_{2min} \geqslant \frac{DU_{out}T}{R\Delta U} \tag{5-7}$$

式(5-6)、式(5-7)中,电感电流连续状态下,D 的计算公式为

$$D = 1 - \frac{U_{in}}{U_{out}} \tag{5-8}$$

在本电路图中取 $L_c = 600\mu H$, $C = 470F$。

第6章 超高压喷射系统特性研究

电控单元是超高压共轨系统的控制核心，由于电控单元除了完成常规高压共轨系统的任务，还要解决压力放大以及变喷油规律喷射任务，因此，电控单元需要同时控制超高压共轨系统中电控增压器电磁阀和喷油器电磁阀。电控单元需要采集并处理各种传感器如曲轴和凸轮传感器等输入信号，经过输入电路进行预处理，输送给微控制器。微控制器选取一定的计算方法，不断地将采集的数据和设定数据比较、分析和计算，发出特定的控制信号，驱动电磁阀等执行器执行相应的动作，完成对燃油的喷射控制任务。本章以实现对超高压共轨系统的精确可靠控制为目标，制定了柴油机运行控制模式，并对系统的电控单元的软、硬件进行了设计和测试。

6.1 喷射系统控制硬件设计

超高压喷射系统喷油特性测试系统原理，见图 6 - 1。超高压喷射系统喷油特性测试台，见图 6 - 2。在该测试系统中，采用高性能微控制器及外围电路组成控制器核心，在 Keil - C51 环境下编制了全部控制程序；PC 机 LabVIEW 程序用于发送电控增压泵和电控喷油器控制脉冲信号的脉冲宽度和周期信息给微控制器；串行通信电路用于微控制器与 PC 机的通信；采用 8432E 型压电式压力传感器实现实际增压压力值的测量，电荷放大器输出的电压信号送到示波器显示；单电源单开关自斩波驱动电路（详见第 5 章）实现微控制器控制脉冲对电磁阀开关的控制功能，从而实现对喷油率形状的控制；采用 +5V 直流电源为驱动电路中的光电隔离器供电。在光电隔离器采用 +12V 直流电源，用于驱动场效应管工作。采用 0 ~ 110V 可调直流电源为驱动电路提供高压电源。

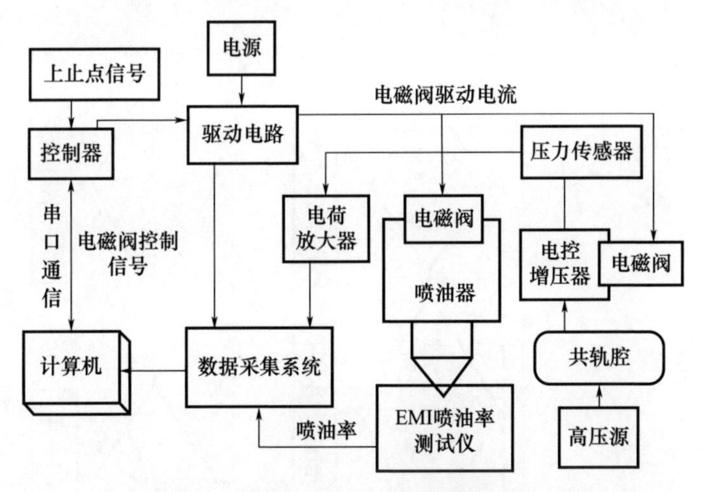

图 6 – 1　超高压喷射系统测试系统组成

图 6 – 2　超高压喷射系统测试台架

6.2　喷射系统控制程序编制

为了测试超高压喷射系统的性能，试验考察电控增压泵的增压性能、系统喷油率的可调性和理论增压比对系统性能的影响等，必须提供两路间隔和脉冲宽度均可调节的脉冲信号，以控制喷油器驱动电路与增压泵驱动电路，实现对喷油与增压开关时序的调节。

本书在系统仿真研究的基础上，设计了控制实现的硬件系统（包括驱动电路），并在 Keil – C 环境下编写了微控制器程序和 LabVIEW 上位机通信程序，编程流程如图 6 – 3 所示。整个软件系统包括系统初始化程序、串口接收处理程序、起始位及求和验证程序、定时器中断及脉冲发生程序、看门狗抗干扰程序等模块组成。其中，串口接收处理程序、起始位及求和验证程序中，由于需要接收多个数值，带返回值的函数不能实现，必须使用指针函数。

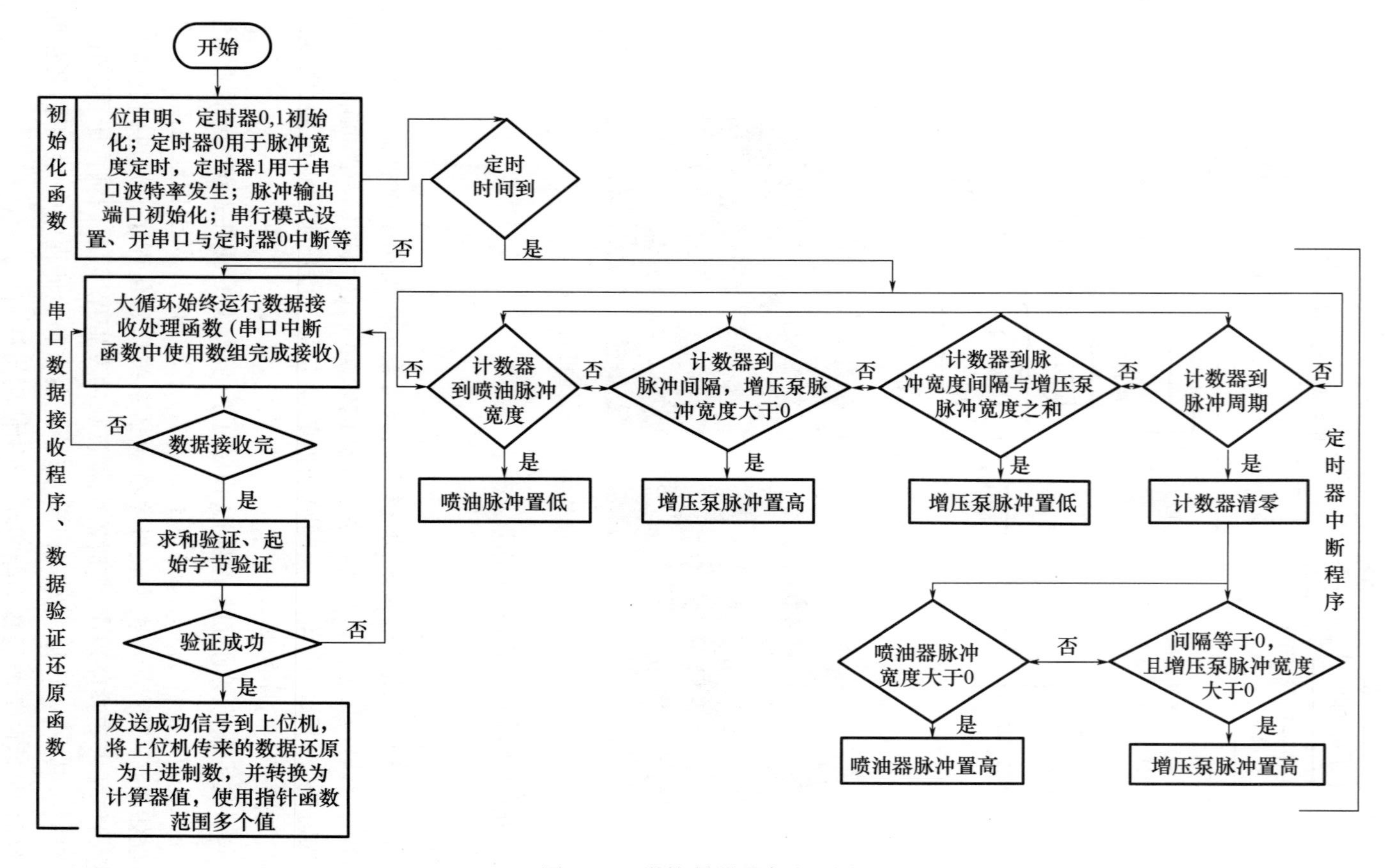

图6－3　微控制器程序流程图

串口通信是微控制器与 PC 之间最常用的一种数据传输方式[103]。串行方式也有突出的优点:联机少、占用口线少。由于微控制器的口线有限,因此串行方式是微控制器与 PC 交换数据的重要方式[104]。利用 LabVIEW 中的 VISA 的串行通信子Ⅵ可以快速而方便地建立串口通信程序,共有 5 个控件:VISA Configure Serial Port、VISA Read、VISA Write、VISA Bytes of Serial Port 和 VISA Close。通过对这几个功能模块进行配置和连接,就能开发出符合要求的 LabVIEW 串口通信软件[105]。图 6-4 为 PC 机程序流程、界面及实测可调脉冲图。

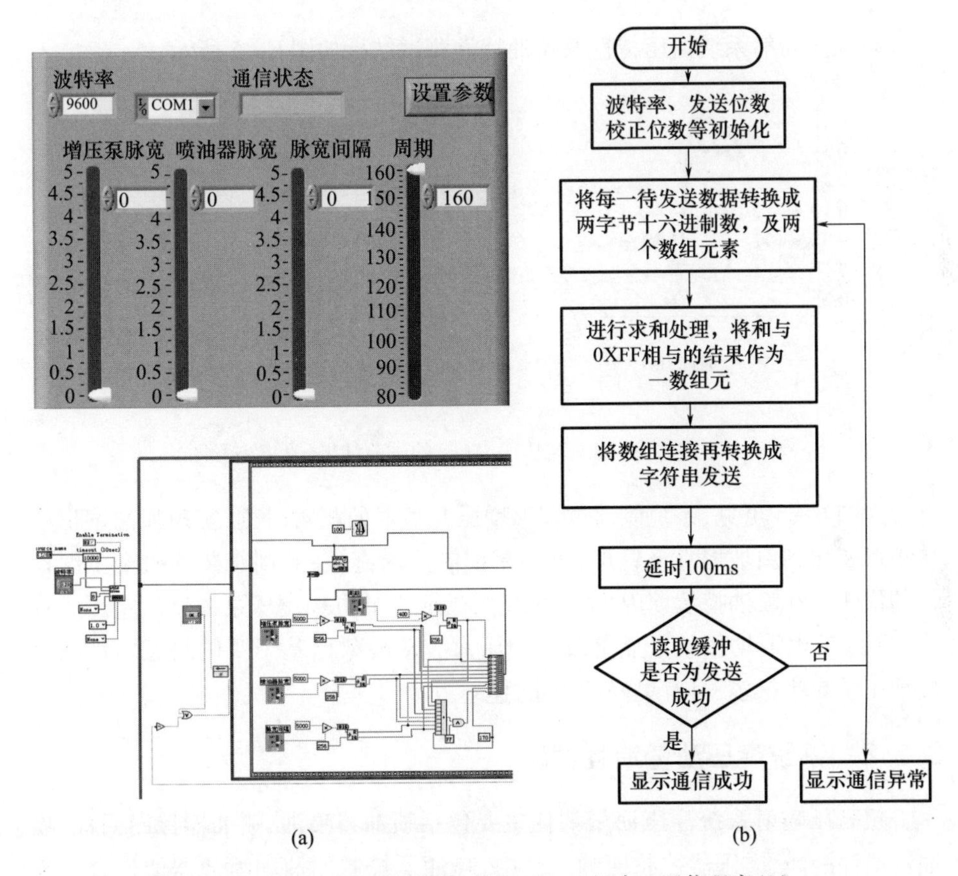

图 6-4　界面及实测可调脉冲图(a)、PC 机串口通信程序(b)

试验中利用串口通信改变喷油器电磁阀与增压泵电磁阀的控制脉冲宽度及相对时序,进而研究控制时序对喷油率形状的影响。由于 PC 机 LabVIEW 的串行通信子程序只允许对字符串的读写,因此在数据处理时必须进行字符串与数字之间的正确转换,必须将带小数的十进制数先放大取整后(这里放大 5000

倍,即精确到0.0002ms),转换成16位二进制,然后连成数组,最后转换为字符串发送。

6.3 超高压喷射系统喷油特性测试

6.3.1 喷油率与增压压力试验

超高压喷射系统增压特性及喷油特性测试结果如图6-5所示。

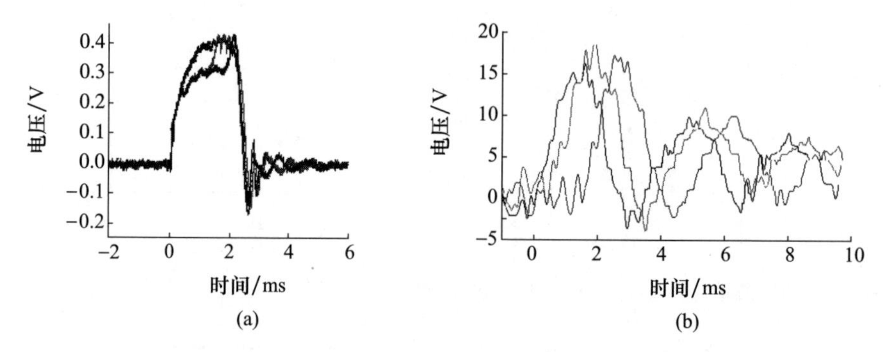

图6-5 喷油率(a)与增压压力(b)的试验结果(见书末彩图)

由图6-5可见,系统能通过调整增压与喷油的相对时刻,实现喷油率形状从矩形变化到斜坡形直至靴形,喷油率控制灵活有效,有利于柴油机全工况运行的优化。在喷油持续期内,基于两位三通原理的电控增压泵的增压室压力峰值达到170MPa,增压效果显著改善。压力波动现象比基于两位两通原理的电控增压泵要小得多,具有更好的稳定性。

6.3.2 系统高压油量消耗试验

超高压喷射系统高压油量消耗主要包括喷油器喷油、喷油器控制回油、喷油器偶件漏泄、增压器控制回油。其中,喷油器控制回油和喷油器偶件漏泄油汇集到一条油路流回,因此总称喷油器回油。试验工况:轨压100MPa、60MPa,喷油控制信号脉冲宽度2ms,测试时间30s。测试结果见图6-6。

试验数据显示,由于增开了一节流孔,使增压的控制耗油量相对基于两位两通原理的电控增压泵的控制耗油量有所增加,这一问题可以通过减小原节流孔孔径的办法有效解决。当轨压为100MPa时,增压泵回油量占系统总消耗油量的 40% 左右；增压回油量与喷油器喷油量受增压时刻影响显著，主要是因为增压时刻不同，压力升高值不同，导致喷射压力不同。当轨压为 60MPa 时，增压控制油量与喷油量随增压时刻的变化规律同轨压 100MPa 时，只是随着轨压的降低喷油量有所降低，此时增压控制回油的变化范围较大。

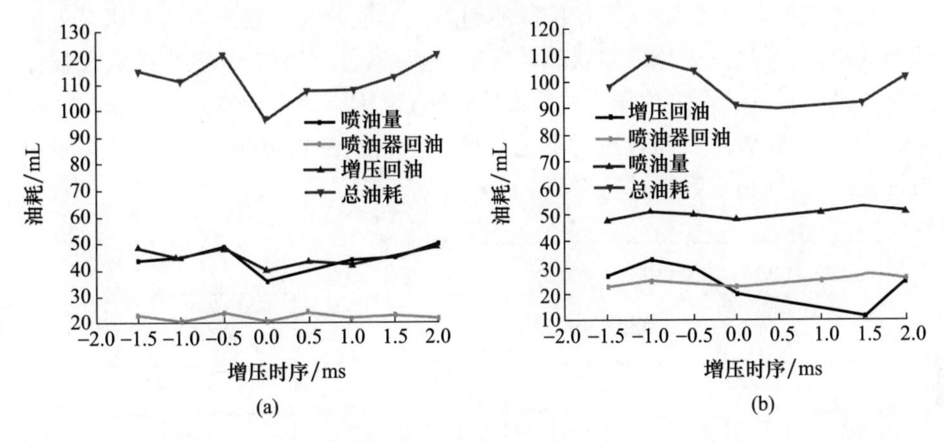

图 6－6　各类油量消耗对比当轨压为 100MPa(a) 及 60MPa(b)

6.4　超高压共轨柴油机试验台架搭建及原机性能分析

6.4.1　超高压共轨柴油机试验台架搭建

越来越严厉的废气排放法规迫使柴油机制造商不断采取各种机内进化措施和废气后处理方法来降低柴油机的排放。众多的研究表明，可变喷油速率曲线形状和高喷油压力的喷射系统能降低柴油机的排放。超高压喷射系统，除了能进行多次喷射和后喷射，还能使主喷射的喷射速率曲线形状从矩形一直变化到靴形。液压模拟和喷油测试研究等都已经证实了该系统在理论上的可行性，本章将编制适合超高压喷射系统在单缸 130 柴油机上运转的电控软件，并设计试验台架。超高压共轨柴油机试验硬件组成，见图 6－7。超高压共轨柴油机试验台架，见图 6－8。

本试验台架的原理为：油箱内燃油经低压泵、滤清器、高压泵至高压共轨管为喷射提供高压源；为确保系统安全性能，还在共轨管上装了安全阀；在手柄上对应与高压泵的凸轮轴上止点前某一角度的位置贴了磁钢片，对应位置的霍尔传感器为微控制器提供喷油触发的基准信号;在飞轮齿轮盘(165 齿)装一霍尔传感器,提供曲轴信号;PC 上位机 LabVIEW 程序通过 RS232 串口向微控制器发送提前角、预喷脉冲宽度、主预喷间隔、主喷脉冲宽度、增压相对与主喷射的间隔以及增压脉冲宽度等参数;微控制器根据接收到的参数,并根据曲轴信号算出脉冲宽度发出始点,发出相应脉冲到喷油器电磁阀驱动电路与增压泵电磁阀驱动电路;通过压力传感器获取增压室压力;通过缸压传感器、电荷放大器以及缸压采集系统获取缸内压力曲线形状;通过置于排放管中轴线处的采样探头采集废气,经过管路及前置过滤器进入废气分析仪进行分析;通过测功装置对柴油机的转速、扭矩数据进行采集。

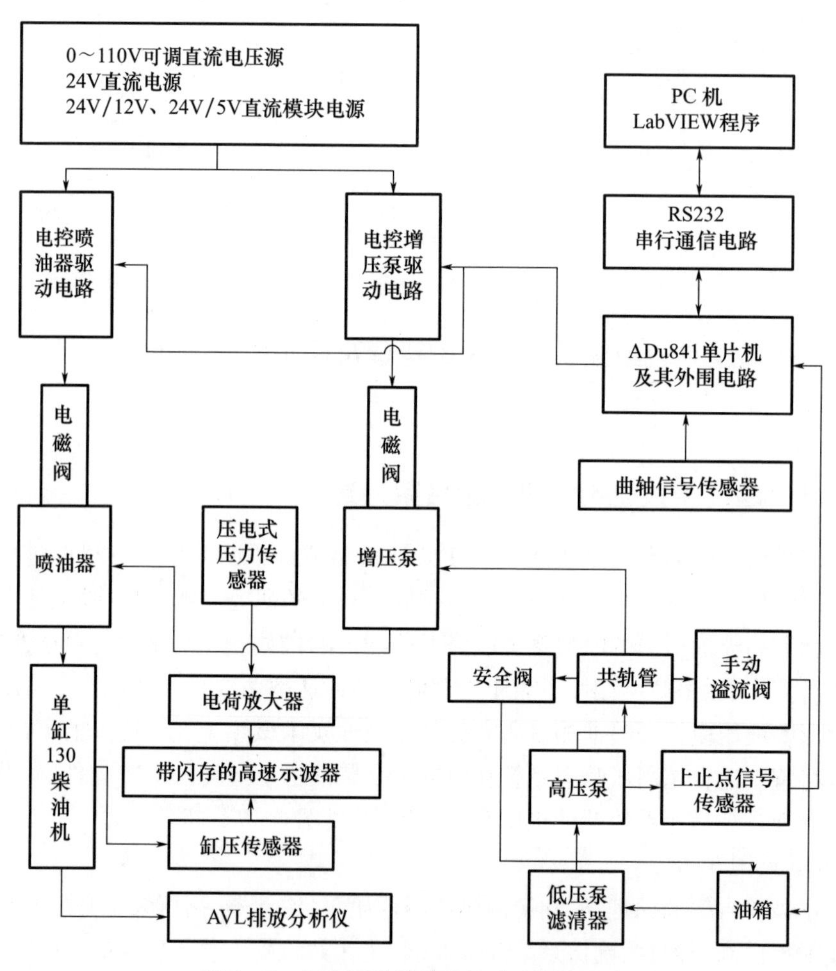

图 6-7　超高压共轨柴油机试验硬件组成

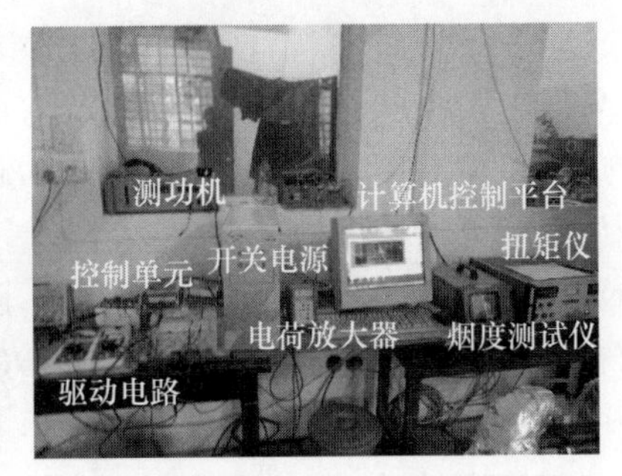

图 6-8 超高压共轨柴油机试验台架

6.4.2 试验柴油机性能分析

表 6-1 为原柴油机在 1500r/min 时不同负荷下的性能值，图 6-9 为对应的缸压曲线。

表 6-1 试验用发动机原机性能测试结果

动力性			经济性		排放性能						其他参数	
转速	扭矩	功率	30″油耗量	循环油量	HC	CO	NO_x	CO_2	K_{max}	N_{max}	排温	水温
1500	0	0.00	5.65	0.015	10	0.06	77	1.5	0.05	2.10%	67.3	44.7
	10	1.57	7.9	0.021	18	0.04	246	1.82	0.01	0.40%	96.9	53.1
	20	3.14	9.83	0.026	22	0.01	433	2.41	0.01	0.40%	128	62
	30	4.71	12.46	0.033	12	0.01	415	3.73	0.01	0.40%	147	68
	40	6.28	14.31	0.038	18	0	944	3.75	0.01	0.40%	178	78.3

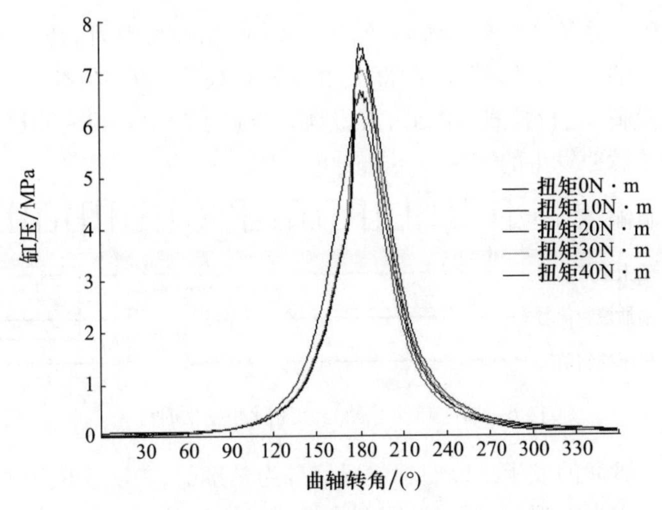

图 6-9 不同负荷下原机缸压曲线(见书末彩图)

由表 6 - 1 可以看出，随着负荷的增加，油耗量不断增加，增加幅度逐步减小；CO、CO_2 随着负荷的增加不断减小，而 NO_x 排放呈现相反的变化规律；碳烟的排放在负荷为 0 时最大，其余负荷情况下均比较低；HC 的排放随着负荷增加呈现出先增大再减小的过程。

对照表 6 - 1 和图 6 - 9 可以看出，随着负荷的增加，循环耗油量和爆发压力都在升高；排气温度上升明显，导致 NO_x 等排放性能下降。

6.5 超高压共轨柴油机运行控制策略

舰船和机车用柴油机经常在低负荷（25% 左右）情况下运行，这时喷油量较少，可采用基压（低压）供油，这样可降低燃油喷射系统消耗的功率，并有利于提高系统工作的可靠性及提高部分工况时的运行效率；在高负荷（75% 左右）情况下运行时，可根据负荷的具体情况，采用时序控制的方法，在基压喷射和高压喷射之间进行转换，通过两次喷射的始点间隔角的控制来实现喷油速率成形的优化，保证发动机具有良好的运行性能。在满负荷及超负荷（100% ~110%）的极限情况下，可采用高压喷射以保证在喷油持续期基本不变的情况下供给发出功率所需的燃油量，并改善油束的雾化和在增压度提高后气缸内空气密度增大情况下使油束具有足够的贯穿距离，有利于保证柴油机的高效率运行。通过对高低压油路的转换可实现对喷油率的成型控制，满足在各种负荷工况下的优化运行要求。

超高压喷射系统的三种喷油规律：矩形喷射、斜坡形喷射和靴形喷射，对应大功率柴油机的三种工作模式，即部分负荷运行模式、额定负荷运行模式和高负荷（110% 负荷）运行模式。因此，需要具有与其运行模式相应的控制策略，喷油脉冲与增压脉冲发生的实际时序见图 6 - 10。

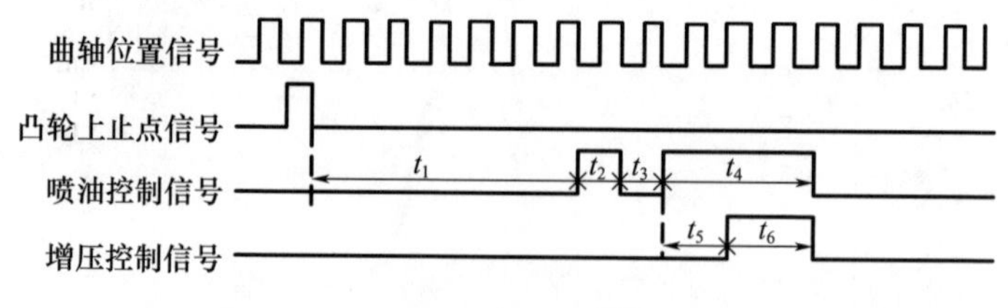

图 6 - 10　喷油脉冲与增压脉冲发生时序

因为整个脉冲的发生是以曲轴位置信号为基准的，为防止由于两路信号之间的相位差所带来的误差，所以选用上止点信号之后的第一个曲轴位置脉冲作为整个过程的基准。在凸轮上止点到来之时，开始对曲轴位置信号进行数齿和计时，找到预喷始点并发出预喷脉冲，之后通过定时器定出 t_2、t_3、t_4、t_5 和 t_6。

由于电控增压泵的作用，系统可以在一次喷射过程中实现两种喷射压力，当 t_5 从负值变到正值，喷射压力也从单一的超高压喷射转变为先轨压喷射再超高压喷射，从而喷油率对应地从矩形变化到斜坡形直至靴形。

部分负荷控制模式与高负荷控制模式的不同在于 t_5、t_6 的大小，负荷越高，则需要的喷油量越大，所对应的 t_5 越小，t_6 越大；反之，负荷越小，则需要的喷油量越小，所对应的 t_5 越大，t_6 越小。各运行模式并不完全拘泥于哪一种喷油规律，根据发动机燃烧的需要，各种负荷模式下均可进行靴形喷射，油量和喷油规律可按需调节。

具体来讲，部分负荷所包含的负荷变化范围较宽，因此对应的循环喷油量变化也较大。柴油机的转速较低，每循环供油量较小时，可适当降低基压喷射部分燃油，再加压喷射其余燃油；随着负荷的增加，所需喷油量增加，可直接采用基压喷油，也可先以基压喷油，再以高压喷油。基压供油时，油压较低有利于改善系统的工作可靠性，并同时降低燃油喷射系统消耗功率，有利于进一步改善经济性。这对于一些长期在部分负荷下运行的柴油机，如舰用及机车用大功率柴油机是十分重要的。超高压共轨系统在高负荷运行模式时，可采用高压喷射，也可基压高压混合喷射，在较短的时间内把所需的大量燃油，以良好的喷射质量，满足燃烧所需，保证发动机具有优良的动力性和经济性。

6.6 超高压共轨柴油机控制程序设计

串口通信程序部分的流程与外部中断程序流程见图 6－11，具体过程如下：

(1) 由上止点信号触发，进入外部中断 0，并开启外部中断 1，曲轴位置信号可以触发进入外部中断 1；

(2) 开启定时器 1，对曲轴齿数计数，当曲轴位置信号计数值等于提前角对应的值时，停止定时器 1，启动定时器 0，开始读取 TL1 中值，计算出还需延时的时间；

(3) 根据串口通信设定的供油参数，通过定时器 0 定出，预喷射开始、预喷射结束、主喷射开始、增压开始、主喷射结束与增压结束等时刻点，发出准确实时的增压泵控制脉冲与喷射控制脉冲；

(4) 当定时器的数值与供油时刻的定时值相等时，设置供油控制信号为“1”；

(5)当定时器的数值与预喷油结束时刻的定时值相等时,设置供油控制信号为“0”;

(6)当定时器的数值与主喷开始时间的定时值相等时,设置供油控制信号为“1”;

(7)当定时器的数值与增压开始时间的定时值相等时,设置增压油控制信号为“1”;

(8)当定时器的数值与主喷的结束时间的定时值相等时,设置供油控制信号为“0”;

(9)当定时器的数值与增压的结束时间的定时值相等时,设置增压控制信号为“0”。

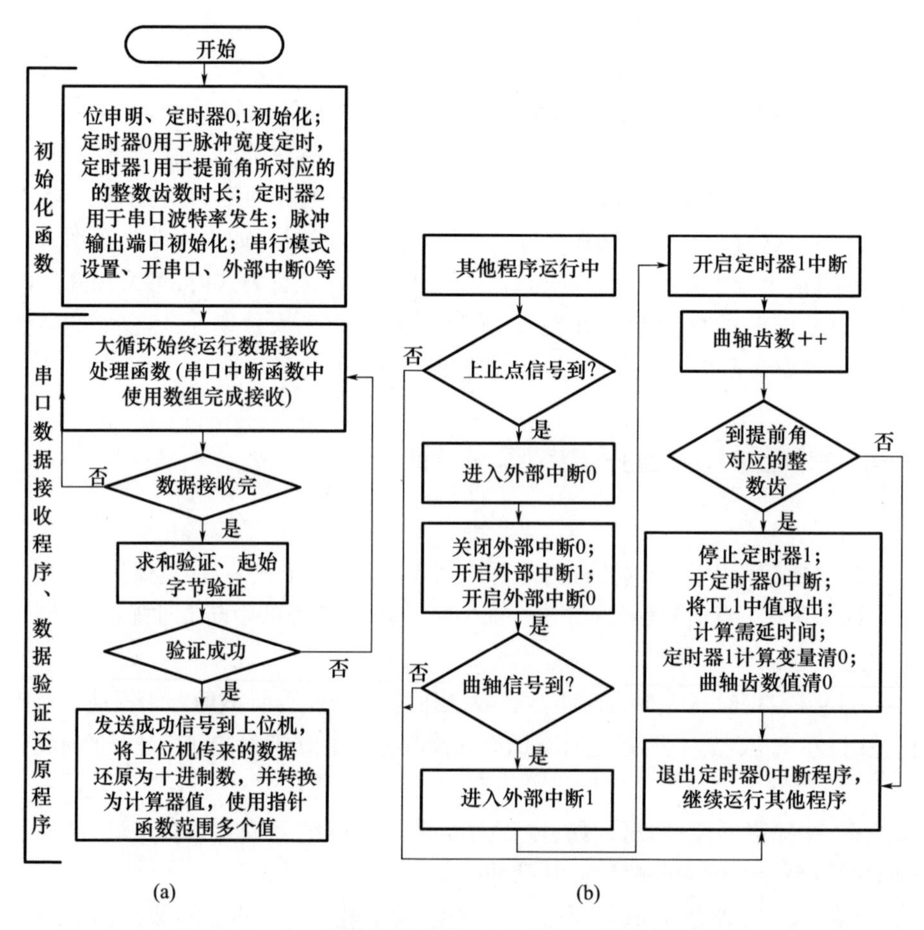

图6-11　串口通信程序流程(a)与外部中断程序流程(b)

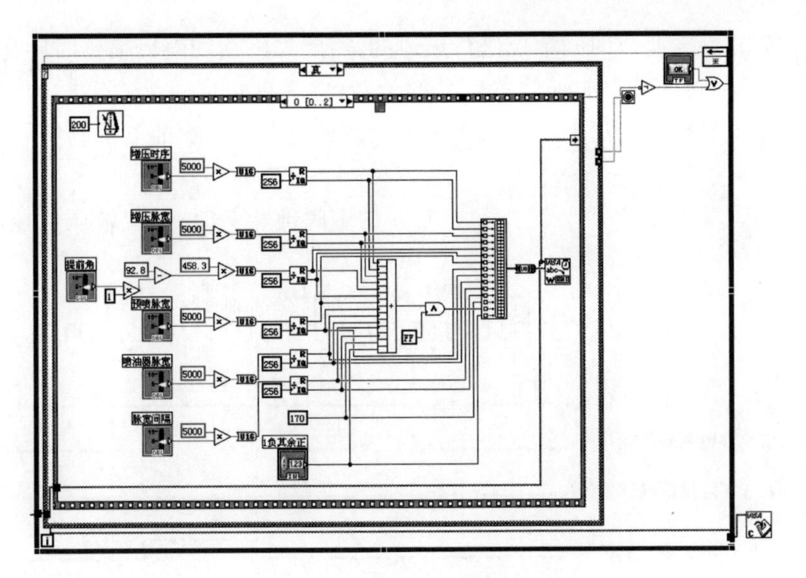

图 6－12　LabvIEW 接口程序

脉冲发生程序流程，见图 6－13。

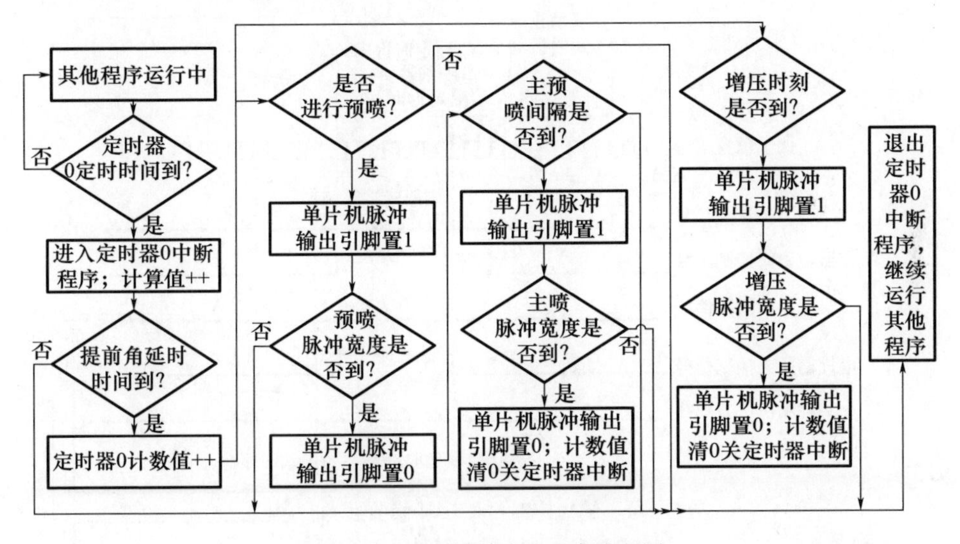

图 6－13　喷射脉冲发生程序流程图

以上所述未考虑对喷油器启喷延时进行补偿的喷油控制信号发生过程，为了保证对实际喷油规律的精确控制，在喷油控制信号发生时需要考虑对启喷延时进行补偿，提前发出供油控制信号。通过将启喷时刻前的定时阶段精确缩短，从而达到提前发出供油控制脉冲的目的。由于在喷油器进行标定时，获取的喷油延迟数据是以时间单位进行描述的，需要先将喷油器启喷延时转化为曲轴角度，再通过减少对曲轴位置信号的计数，之后就可通过缩短定时的方法进行补偿了。补偿的时序如图 6－14 所示。试验中实测的喷油器控制信号、增压泵控制信号，见图 6－15。

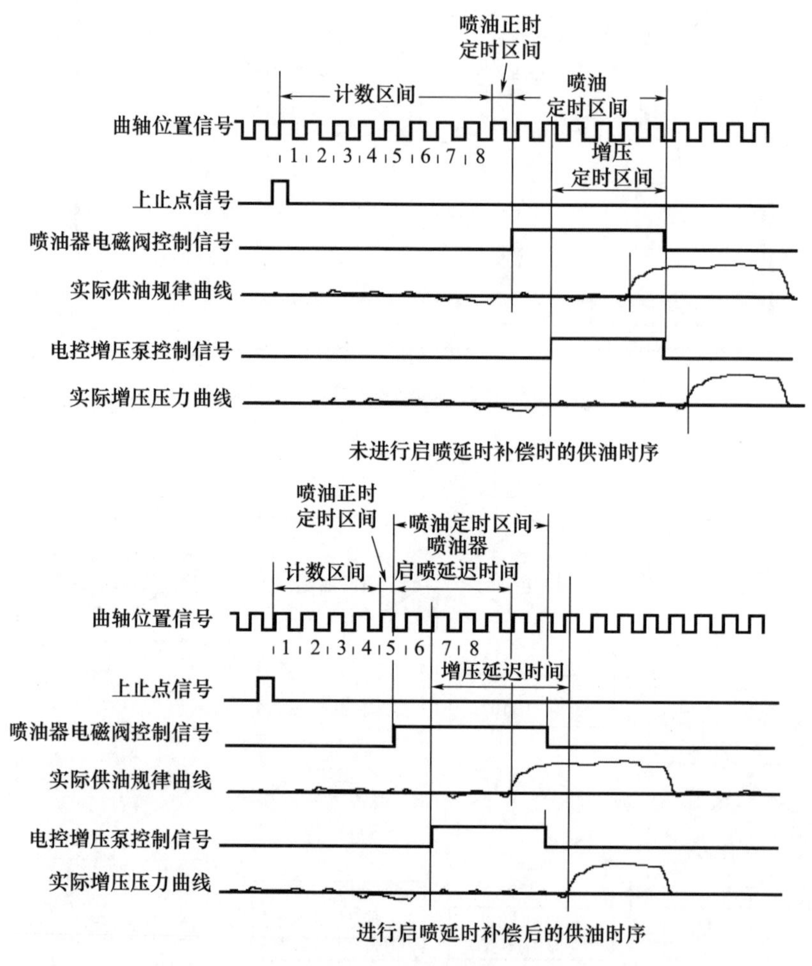

图 6－14　缩短定时补偿法补偿前后的时序图

例如，本书中试验柴油机的曲轴飞轮盘的总齿数为 165 个，柴油机转速为 2000r/min，经计算喷油延迟 0.8ms 的对应的曲轴转角为 9.6°，因此可以减少对曲轴位置信号的 5 个周期的计数，使定时时间增加曲轴转过 10.9°曲轴转角的时间，在最高转速 2000r/min 时，这段时间为 0.91ms，所以有足够的定时过程时间供补偿之用。

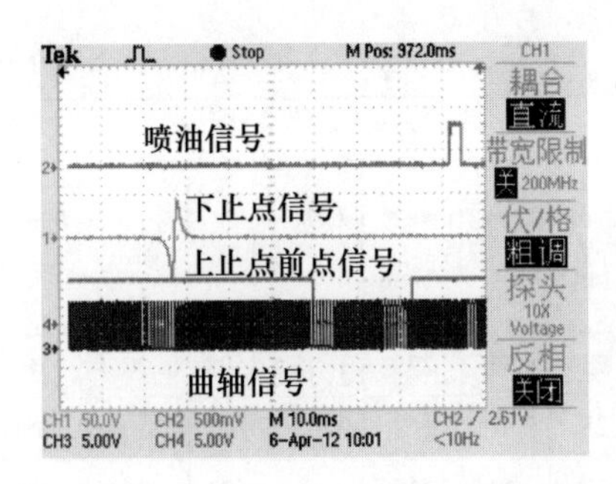

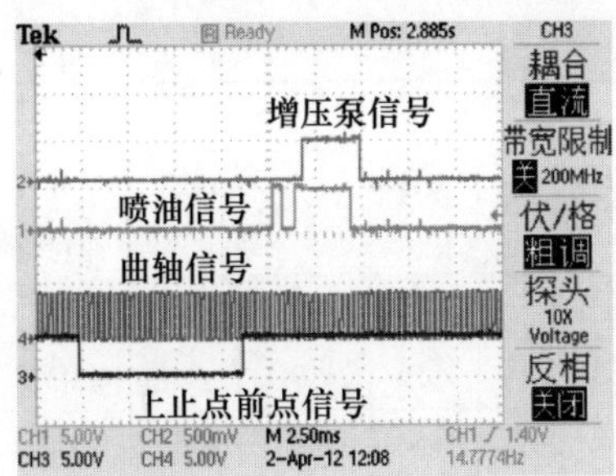

图 6-15 控制信号的发生时序

6.7 超高压共轨柴油特性试验

超高压喷射系统的最大优势之一是保留了现行高压共轨系统的所有部件和可调环节,从而可以方便地实现全部现行系统的功能。表 6-2、表 6-3、表 6-4 分别为增压泵不工作时柴油机在 1300r/min、1600r/min、1800r/min 时不同负荷下的性能值,图 6-16(a)、(b)、(c)分别为对应的缸压曲线;表 6-5 为增压泵工作时柴油机在 1700r/min 不同负荷下的性能值,图 6-16(d)为对应的缸压曲线。

表 6-2 转速 1300r/min 时电控柴油机性能

动力性		经济性				排放性能						其他	
转速/(r/min)	扭矩/(N·m)	喷油脉冲宽度/ms	提前角/(°)	轨压/MPa	循环油量/g	HC/ppm	CO/%	NO_x/ppm	CO_2/%	K_{max}	N_{max}	排温/℃	水温/℃
1300	0	0.84	19	48.9	0.017	6	0.03	121	0.97	0.01	0.40%	90	70
1300	10	0.84	19	59.3	0.024	12	0.02	279	1.48	0.01	0.40%	110	76
1300	20	0.84	19	73.7	0.03	8	0.01	452	2.06	0.02	0.90%	129	82
1300	30	0.84	19	90.6	0.038	14	0	730	2.66	0.06	2.50%	157	90

表 6-3 转速 1600r/min 时电控柴油机性能

动力性		经济性				排放性能						其他	
转速/(r/min)	扭矩/(N·m)	脉冲宽度/ms	提前角/(°)	喷油压力/MPa	循环油量/g	HC/ppm	CO/%	NO_x/ppm	CO_2/%	K_{max}	N_{max}	排温/℃	水温/℃
1600	0	1.54	19	30	0.01	22	0.02	121	0.97	0.02	0.80%	100	53.5

续表

动力性		经济性				排放性能						其他	
转速/(r/min)	扭矩/(N·m)	脉冲宽度/ms	提前角/(°)	喷油压力/MPa	循环油量/g	HC/ppm	CO/%	NO_x/ppm	CO_2/%	K_{max}	N_{max}	排温/℃	水温/℃
1600	10	1.54	19	33	0.02	23	0.01	279	1.48	0.03	0.90%	118	57.8
1600	20	1.54	19	37.5	0.022	28	0.01	452	2.06	0.04	1.80%	135	62.4
1600	30	1.54	19	41.9	0.035	29	0	730	2.66	0.07	4.00%	180	68.5
1600	40	1.54	19	69	0.037	32	0	1360	3.66	0.09	5.00%	210	73

表6-4 转速1800r/min时电控柴油机性能

动力性		经济性				排放性能						其他	
转速/(r/min)	扭矩/(N·m)	喷油脉冲宽度/ms	提前角/(°)	喷油压力/MPa	循环油量/g	HC/ppm	CO/%	NO_x/ppm	CO_2/%	K_{max}	N_{max}	排温/℃	水温/℃
1800	0	0.98	19	40.4	0.009	30	0.04	127	1.15	0.02	0.90%	114	78
1800	10	0.98	19	50.5	0.016	42	0.01	360	1.7	0.03	1.20%	135	81
1800	20	0.86	19	58.8	0.021	38	0.01	300	2.2	0.04	1.80%	168	61
1800	30	0.86	19	76.4	0.022	30	0.01	559	3	0.06	2.50%	205	74
1800	40	0.86	19	90	0.024	18	0.04	732	3.58	0.09	3.00%	227	80

由表6-2、表6-3、表6-4可见，在相同喷油脉冲宽度保持不变时，轨压增大，循环喷油量增多，扭矩增大，在低负荷范围内，CO排放降低其余均升高。

表6-5 转速1700r/min时超高压共轨柴油机性能

动力性		经济性						排放性能						其他	
转速/(r/min)	扭矩/(N·m)	喷油脉冲宽度/ms	轨腔压力/MPa	增压时序/ms	增压脉冲宽度/ms	提前角/(°)	循环油量/g	HC/ppm	CO/%	NO_x/ppm	CO_2/%	K_{max}	N_{max}	排温/℃	水温/℃
1700	15.7	0.7	47.8	0.5	0.2	14	0.026	18	0.05	163	2.12	0.05	2.10%	146	59.5
1700	21.8	0.7	47.8	0.2	0.5	14	0.031	17	0	277	2.35	0.04	1.70%	183	77.6

实现了超高压喷射系统配机后的稳定运行，并测取了在1700r/min转速，不同扭矩下的性能参数值，发现由于采用电控增压泵后，喷油速率在后期大幅增

加,使在基本相同的转速、负荷和轨压情况下,需要的喷油脉冲宽度较小,喷油定时延后。相比不增压情况,NO_x 和 HC 排放明显下降,其余排放值变化不大。系统耗油率及缸压峰值与原机基本持平。可能由于电控喷油器与柴油机燃烧室形状还存在优化匹配问题。

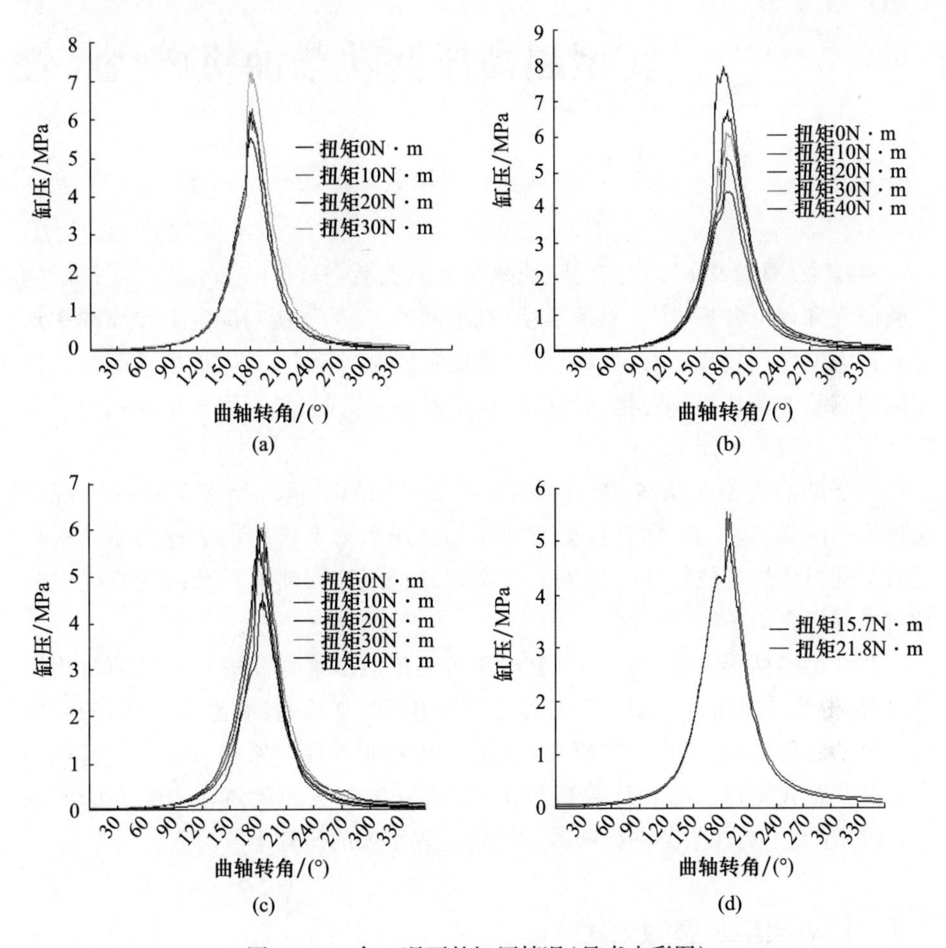

图 6-16 各工况下的缸压情况(见书末彩图)

第7章 新型超高压共轨柴油机燃烧特性

多年来,围绕着不同形式的喷油率对柴油机燃烧过程的影响进行了广泛的试验研究和理论分析[106]。试验表明,在不同的工况下,所对应的最佳喷油率形态有很大差别。超高压喷射系统能够实现两级喷射压力,并能根据负荷变化使主喷射的喷油率从矩形变化到斜坡形直至靴形。因此,具有实现柴油机全工况范围优化运行的可能。

由于柴油机工况众多,以及试验条件和时间的限制,暂不能对每个工况都做标定性配机试验。本章旨在研究新型超高压喷射系统所能实现的喷油率特性对柴油机燃烧排放特性的影响。为实现新型超高压喷射系统的配机提供一种有指导意义的预标定方法。

柴油机的喷雾混合过程是一个伴随传热传质多维瞬变的复杂气液两相流动过程,燃烧是发生在高温高压环境下可压缩的、复杂的、湍流的、三维的和多相的流动过程,因此只有多维模型才能较为准确地反映喷雾混合和燃烧过程的本质及其变化规律。随着计算机技术、数值分析方法和流体动力学方法的进步,多维模型工具成为柴油机喷雾和燃烧过程重要的研究手段。

7.1 计算模型及参数设定

7.1.1 湍流模型

在柴油机的工作循环中,缸内气体充量始终进行着极其复杂而又强烈瞬变的湍流运动。要正确地从微观上模拟和分析柴油机的燃烧,绝离不开对缸内湍流运动的正确描述和模拟。

1. 远壁面湍流模型

FIRE 软件中的湍流模型有 Spalart - Allmaras、$k-\varepsilon$、$k-\xi-f$、RSM_isodiff、RSM_anisodiff、AVL HTM1、AVL HTM2、Laminar、LES 和 PANS 等,其中应用较多的是标准 $k-\varepsilon$ 和 $k-\xi-f$ 模型。标准 $k-\varepsilon$ 双方程模型中所包含的 4 个经验常数一般是通过对某些特定的湍流过程的分析和测量来确定的。标准 $k-\varepsilon$ 双方程模型是目前比较成熟的一种湍流封闭模型,是迄今为止在工程上应用最广泛、积累经验也最多的湍流模型,在许多场合都取得了圆满的或基本的成功,由于它的原型是针对二维不可压薄剪切湍流建立起来的,故只适用于离开壁面一定距离的高雷诺数湍流区域,在接近壁面的湍流运动中,湍流脉动因壁面约束而下降,分子黏性扩散作用逐渐增强,因而在贴近壁面处扩散项占较大成分,湍流雷诺数很低,所以 $k-\varepsilon$ 湍流模型不能直接应用到该区域,用此模型计算误差较大,必须经过修正。$k-\xi-f$ 模型由 Hanjalic,Popovac 和 Hadziabdic 于 2004 年根据 1991 年 Durbin 提出的$\overline{\nu^2}-f$ 模型改进发展而成,其中用速度尺度 $\xi=\overline{\nu^2}/k$,替代 ν^2。经过修正后,$k-\xi-f$ 模型与 Durbin 的$\overline{\nu^2}/f$ 模型相比,更加稳定,收敛性也得到极大改善,因此本书选用 $k-\xi-f$ 湍流模型来模拟缸内远壁面多维流动[107]。

2. 壁面湍流模型

$k-\xi-f$ 湍流模型是经过修正的 $k-\varepsilon$ 模型,是以湍动能生成和耗散相平衡为基础的,仍然主要适用于离壁面一定距离的湍流区域,但在接近壁面的湍流运动中,湍流雷诺数较小,直接运用 $k-\xi-f$ 模型会产生误差,因此为了使用 $k-\xi-f$ 湍流模型需要对壁面进行特殊处理。壁面的处理方式主要有标准壁面函数法、双区壁面函数法、复合壁函数法以及直接求解的低雷诺数 $k-\varepsilon$ 模型等。其中,标准壁面函数计算误差较大,双区壁面函数和直接求解的低雷诺数 $k-\varepsilon$ 模型对计算网格要求较高[107],因此本书采用 Hybrid Wall Treatment 复合壁函数法模拟接近壁面的湍流运动。

7.1.2 喷雾模型

燃油进入燃烧室后经历了破碎、湍流扰动、变形、碰撞聚合和碰壁等一系列物理变化过程。喷雾过程数值模拟属于复杂的多相流问题,需要对气相和液相控制方程同时进行求解。在柴油机的喷雾模型中,有离散液滴模型(DDM)和连续液滴模型(CDM)两类。目前,工程条件下对喷雾的数值模拟几乎都采用离散液滴模型,离散液滴模型是一种基于蒙特卡罗方法的统计描述,它不考虑全部油滴,而只处理其中具有代表性的统计样本。每个样本都代表一定数目的大小和状态完全相同的油滴。设定油滴样本位置、尺寸、速度、温度和样本中油滴数等初始条件,用拉格朗日方程跟踪这些油滴样本,即求解描述其运动轨迹、动量和热、质传递的微分方程组,得到缸内任意时刻的状态参数。

模型建立时作如下假设[108]:

(1)燃油一旦离开喷嘴就成为离散的微小液滴,且油滴是球对称的。

(2)喷雾液滴按尺寸分布分为若干组,称为粒子微团。每个粒子团内的液滴具有相同的半径、温度、速度和运动轨迹;液滴与气体之间通过相对运动、传热和蒸发来实现动量、热、质的交换,且蒸发发生在球体表面。

1. 基本控制方程

FIRE 软件中对喷雾的模拟通过以下方程来控制喷雾中燃油微粒的运动轨迹和速度以及蒸发过程。

(1)油滴运动方程

油滴喷入燃烧室空间后,受到各方面阻力,从而影响着油滴的空间分布及其运动状态。油滴受力方程如下:

$$m_{\mathrm{d}}\frac{\mathrm{d}u_{\mathrm{id}}}{\mathrm{d}t}=F_{\mathrm{idr}}+F_{\mathrm{ig}}+F_{\mathrm{ip}}+F_{\mathrm{ib}} \tag{7-1}$$

F_{idr}为运动阻力,用下式表示:

$$F_{\mathrm{idr}}=D_{\mathrm{p}}\cdot\boldsymbol{u}_{\mathrm{irel}} \tag{7-2}$$

D_{p} 为阻力函数,定义为

$$D_{\mathrm{p}}=\frac{1}{2}\rho_{\mathrm{g}}A_{\mathrm{d}}C_{\mathrm{D}}\left|u_{\mathrm{rel}}\right| \tag{7-3}$$

式中:A_{d} 为粒子团截面积;C_{D} 为阻力系数,主要受油滴雷诺数的影响。

油滴阻力系数有很多种形式,FIRE 中采用的方程为

$$C_{\mathrm{D}}=\begin{cases}\dfrac{24}{Re_{\mathrm{d}}}(1+0.15Re_{\mathrm{d}}^{0.687}) & (Re_{\mathrm{d}}<10^{3})\\ 0.44 & (Re_{\mathrm{d}}\geqslant 10^{3})\end{cases} \tag{7-4}$$

式中雷诺数的计算方程如下:

$$Re_{\mathrm{d}}=\frac{\rho_{\mathrm{g}}\left|\boldsymbol{u}_{\mathrm{rel}}\right|D_{\mathrm{d}}}{\mu_{\mathrm{g}}} \tag{7-5}$$

式中:μ_{g}为流动区黏性系数。在计算某些特定工况时,如果需要用到特定的雷诺数计算方程,则可选用自定义的雷诺数计算方程。

F_{ig}为重力和浮力的合力,表示为

$$F_{\mathrm{ig}}=V_{\mathrm{p}}\cdot(\rho_{\mathrm{p}}-\rho_{\mathrm{g}})g_{\mathrm{i}} \tag{7-6}$$

F_{ip}为压力，方程为

$$F_{ip} = V_p \cdot \nabla p \tag{7-7}$$

用 F_{ib}概括地表示磁场力、电场力、马格纳斯力等其他形式的力。

把所有作用力对比后可知，运动阻力 F_{idr}在喷雾和燃烧计算中起最关键作用，整理得到粒子团的加速度表达式[109]：

$$\frac{d\boldsymbol{u}_{id}}{dt} = \frac{3}{4}C_D \frac{\rho_g}{\rho_d}\frac{1}{D_d}|\boldsymbol{u}_{ig} - \boldsymbol{u}_{id}|(\boldsymbol{u}_{ig} - \boldsymbol{u}_{id}) + \left(1 - \frac{\rho_g}{\rho_d}\right)g_i \tag{7-8}$$

对上式积分可以得到粒子团的速度和粒子团的瞬时位置向量：

$$\frac{d\boldsymbol{x}_{id}}{dt} = \boldsymbol{u}_{id} \tag{7-9}$$

（2）油滴蒸发方程

液滴在燃烧室内运动过程中的受热与蒸发过程，是混合气形成的一个重要环节。它直接影响到混合气的浓度分布，从而影响发动机的着火滞燃期、燃烧率乃至排放特性。液滴的温度变化率由能量平衡方程决定，主要受热传导和油滴的蒸发影响。油滴的能量平衡方程如下：

$$m_d c_{pd}\frac{dT_d}{dt} = L\frac{dm_d}{dt} + \dot{Q} \tag{7-10}$$

$\dot{Q}$ 为气体向油滴表面传递的热量：

$$\dot{Q} = \alpha A_S (T_\infty - T_S) \tag{7-11}$$

式中：α 为气体与油滴间的传热系数；A_s为液滴表面积。

油滴的能量平衡方程也可表示为

$$m_d c_{pd}\frac{dT_d}{dt} - L\rho_d 4\pi_d^2 \frac{dr_d}{dt} = 4\pi r_d^2 \dot{q}_S \tag{7-12}$$

油滴半径的变化率方程为

$$\frac{dr_d}{dt} = \frac{(\rho\beta)_{air}}{2\rho_d \cdot r_d}\frac{Y_{V,S} - Y_{V,\infty}}{1 - Y_{V,S}}\mathrm{Sh} \tag{7-13}$$

式中：Y_v 为油滴中燃油蒸发的质量分量；Sh 为 Sherwood 数，用下式表示：

$$\mathrm{Sh} = \mathrm{Sh}_0 \frac{\ln(1 + B_Y)}{B_Y} = (2 + 0.6Re^{1/2}Sc^{1/3})\frac{\ln(1 + B_Y)}{B_Y} \tag{7-14}$$

综上，式(7－10)写为

$$\rho_d \frac{2}{3}r_d^2 c_{pd}\frac{dT_d}{dt} = k(T_\infty - T_d)Nu - (\rho\beta)_{air}B_Y \mathrm{Sh} \cdot L \tag{7-15}$$

对油滴温度和油滴直径的计算公式类似于有限差分形式，新的液滴温度

T_d^{n+1} 和新的液滴直径 r_d^{n+1} 通过下式计算[108]：

$$\rho_d \frac{2}{3} r_d^2 c_{pd} \frac{dT_d}{dt} = k(T_\infty - T_d) Nu - (\rho\beta)_{air} B_Y \mathrm{Sh} \cdot L \tag{7-16}$$

2. 喷雾子模型

1）油滴破碎模型

燃油从喷嘴被喷入缸内后，由于气动力、惯性力、黏性力和表面张力等各种力的相互作用，连续的液柱会发生分裂破碎，成为形状各异的离散团块。不同的射流状态可以产生不同的分裂形式，其决定性因子是喷射速度。

为了准确模拟油滴的破碎过程，本书选用 FIRE 软件中自带的 KH－RT 二次油滴破碎模型。FIRE 中的 KH－RT 二次油滴破碎模型是在 WAVE 模型基础上发展的，模型认为：在喷雾破碎过程中 KH 表面波和 RT 扰动一直处于竞争关系。K－H 模型是基于液体与气体接口上沿流动方向扰动波的不稳定分析，即 Kelvin－Helmholtz 波的不稳定性增长。对于高压共轨柴油机喷射雾化来说，这是起主导作用的因素。但对于离散液滴的分裂雾化，在气液接口的法向也存在由于两相之间密度的巨大差别而产生的惯性力，从而引起一种扰动波，即瑞利－泰勒波。瑞利－泰勒波的不稳定性增长是导致液滴分裂雾化的另一个重要原因。因此，这就使瑞利－泰勒不稳定波的作用不可忽略，必须与 K－H 波同时考虑，构成 KH－RT 模型。

2）油滴碰撞聚合模型

燃油喷雾按其离喷嘴的距离由远到近可以分为极稀薄区、稀薄区、稠密区和翻腾流区。在各个区域中油滴的相互作用力有很大的差别，例如在稠密区中油滴之间的距离很小，甚至和油滴直径在同一个数量级，因此，油滴之间的相互作用非常强烈，而在极稀薄区，油滴之间的距离相差很大，此时油滴之间的相互作用力就可忽略不计。由此可见，对油滴碰撞聚合的模拟精度很大程度上依赖模型对燃油喷雾的分区把握上。

根据高压共轨柴油机的喷雾与燃烧室内涡流的相互作用较强的特点，本书选用 Nordin 模型模拟油滴的碰撞聚合，此模型是 O'Rourke 模型的改进，它克服了 O'Rourke 模型网格依赖性的问题。Nordin 模型认为两个粒子团运动轨迹相交，如果在积分步长内的某一时刻同时到达交叉点则发生碰撞。

3）喷雾碰壁模型

喷雾碰壁现象在柴油机喷雾模拟过程中是不可忽略的。尤其在高压喷射时，部分燃油在还没有蒸发时就与燃烧室壁面发生碰撞，从而影响燃烧过程。壁面附近的不完全燃烧会产生大量的 HC 和碳烟。

碰壁喷雾与自由喷雾相比,其运动特性、浓度分布乃至燃烧特性都有很大的不同。因此,需要对喷雾现象进行准确的模拟。喷雾碰壁需要用到液滴速度、液滴直径、壁面粗糙度和壁面温度等参数。由于喷雾碰壁是大量密集的液滴与固体的碰撞,各液滴的行为是相互干扰的,因而整个碰壁过程及其复杂,会发生黏附和回弹现象,回弹时一部分液滴仍停留于燃烧室壁面附近,剩余部分破碎成更小的液滴。

由于高压共轨柴油机燃烧室内燃油碰壁现象较强,所以本书对燃油碰壁过程的模拟选用 Mundo Tropea Sommerfeld 壁面作用模型,此模型是一个基于大量试验的模型,将发生碰壁的燃油分成黏附和飞溅两个区域。在黏附区内,液滴全部黏附于壁面;而在飞溅区,一部分黏附于壁面,其余部分则回弹进行二次分裂。

7.1.3 燃烧模型

柴油机的燃烧过程属于湍流燃烧,而湍流燃烧是一种极其复杂的带化学反应的流动现象。湍流对燃烧的影响主要体现在它对化学反应速率的影响上。湍流中大尺度涡团的运动使火焰锋面变形,火焰锋面的表面积大大增大;同时,小尺度涡团的随机性可以大大增强混合气内部的质量、动量和能量传递。涡团的这两种影响使湍流燃烧比层流燃烧快得多。然而,燃烧也对缸内湍流特性有影响:一方面燃烧放出的热量使得流场中各处流体发生不同程度的膨胀,从而引起密度变化;另一方面燃烧引起的温升会使流体的输运系数发生变化,从而影响湍流的输运特性。所以,要想模拟的燃烧过程真实地反映燃烧过程的情况,必须充分考虑湍流和燃烧化学机理的相互影响。

在 FIRE 软件中的燃烧模型有涡破碎模型(EBU type combustion model)、湍流火焰速度模型(turbulent flame speed closure model)、特征时间尺度模型(characteristic time scale model)、相关火焰模型(coherent flamelet model)、概率密度函数模型(transported PDF model),适用于柴油机燃烧模拟的模型主要有涡破碎模型、特征时间尺度模型和相关火焰三区模型。本书利用涡破碎模型进行高压共轨柴油机的燃烧数值计算与分析。

7.1.4 排放模型

燃烧数值模拟过程中有关燃料氧化和燃烧部分通常避开化学反应动力学机理而重点考虑计算流体的湍流运动和输运过程,但对废气排放模拟而言,预测柴油机所排废气中有关化学成分的浓度是重点,故化学动力学机理起着决定性作用。排放模型是燃烧模型的一个组成部分,需要耦合详细的化学反应动力学机理。

1. NO_x 生成模型

由于湍流、热辐射和热传递等相互作用的复杂性,用详细动力学反应机理来预测 NO_x 生成并不实用,这就需要一个包含关键信息的简化实用模型。氮氧化物生成计算中采用的改进型 NO_x 生成模型是不同反应机理的一个综合模型,在预测 NO_x 生成方面有独特的优势。

氮氧化物 NO_x 有两个生成来源:空气中的 N_2 和燃油中的氮成分。NO_x 包含 NO 和 NO_2,其中主要是 NO,而 NO_2 所占质量分数不高,它们是空气中的 N_2 燃烧高温下的产物,与燃料组成无关。改进型 NO_x 生成模型用四种反应机理来描述燃烧过程 NO_x 的生成:热作用机理、催化作用机理、燃油分解机理和再燃烧机理。热作用机理的 NO_x 主要在高温区(>1600K)生成,它基于拓展的 Zeldovich 模型。催化作用的 NO_x 是由富油区火焰中氮原子与碳氢化合物相互作用产生的。燃油分解 NO_x 是燃油裂解、氧化的产物,通常认为通过 HCN 和 NH_3 的形式继而氧化而成。再燃烧过程是通过碳氢化合物与已存在 NO_x 的反应来减少 NO_x 量的一个过程。

2. 碳烟生成模型

柴油机微粒排放是最主要的有害排放物之一,微粒排放物可以分为可溶性有机物和不可溶颗粒,其中不可溶的碳烟(Soot)占的比例较大,常占微粒排放总量的50%到80%。碳烟是燃料在缺氧条件下燃烧时形成的,其主要成分是碳。碳烟的生成过程包括大分子芳烃化合物的生成和生长继而形成质点,质点的凝聚形成颗粒,颗粒的表面增长,颗粒的分裂破碎与氧化等阶段,包含了大量的化学、物理现象。虽然这一过程非常复杂,但对颗粒形成起作用的反应和氧化速率与熟知的火焰参数有关,诸如燃油质量分数、氧的局部浓度、火焰温度和湍流混合密度。

碳颗粒的形成是一个气固转换的过程,其中包括大分子芳烃化合物的生成和生长继而形成质点,质点的凝聚形成颗粒,颗粒的表面增长与氧化等阶段,包含了大量的化学、物理现象。为了要捕获对发动机碳烟排放水平起作用的成核、微粒形成和氧化等相关方面的信息,过去很多学者提出了大量不同的碳粒子模型[109]。为了准确地模拟碳烟的生成过程,本书采用 Advanced Soot Model 模型对碳烟的颗粒成核、表面增长、分裂破碎和氧化过程进行计算。

7.1.5 参数设定

1. 模拟范围的确定

上文所述的计算模型可用于模拟共轨柴油机的进气流动、燃油喷雾计算、燃烧过程模拟、排放物预测等。本研究的重点是该柴油机的燃烧及排放性能。因此,将计算范围简化为从进气门关闭时刻到排气门开启前所对应的曲轴转角范围,即为上止点前 151°至上止点后 139°曲柄转角,软件中设置上止点为 720°,即计算范围为 569°到 859°。

2. 初始边界条件的获得

由于不是从进气过程开始模拟柴油机的完整工作循环,所以需要给出计算起始点的缸内温度和压力。压力由实测的示功图得到;由一维燃烧分析软件 BOOST 能计算出缸内温度曲线,在其上查取初始点温度值,然后对该温度值进行调整计算得到的缸内空气量与实际进气量的偏差在允许范围内,确定出准确的初始点温度。模型中需要输入的喷油规律由 Hydsim 计算得出。

3. 具体参数的调整

在柴油机燃烧与排放过程的仿真计算中,喷雾模块 KH - RT 喷雾破碎模型中有多个参数供用户自行设定,其中,C_1 为决定油滴的稳定直径,在计算中不做调整;C_2 为影响破碎时间,其值越小,油滴的平均直径越小,贯穿距越小,是影响模型准确性的一个关键参数;C_3 为影响油滴破碎长度尺寸,其值越大,长度尺寸越大;C_4 为影响 RT 中波长的大小,其值越大,越不容易发生 RT 形式的破碎;C_5 为 RT 中调节破碎时间,其值越大,破碎时间越长;C_6 为影响子油滴的大小分布。

文献[106]对 KH - RT 喷雾破碎模型中多个参数进行了详尽分析,本书针对超高压喷射系统的喷油器设定 $C_2 = 29$,其他相关参数设定根据 FIRE 软件参数设定手册进行设定。计算初始参数设置如表 7 - 1 所列。如图 7 - 1 所示为燃烧室计算网格的运动过程,当活塞在气缸内上、下止点范围内移动时,活塞顶上部的网格体积被压缩,而燃烧室内网格体积保持不变。计算范围为上止点前 151°至上止点后 139°曲柄转角,分别对应某型柴油机进气门关闭时刻和排气门开启时刻。

表 7 - 1 计算初始参数

发动机转速设定/(r/min)	缸径×行程/(mm×mm)	压缩比	循环供油量/mg	增压后进气压力/(10^5Pa)	中冷后进气温度/K	柱塞表面温度/K	气缸壁面温度/K	提前角/(°)	喷孔直径/mm,数量/支,夹角/(°)	燃料
1500	128×140	15	136.4/缸	2.4	316	506	403	15	0.2,6,140	0#

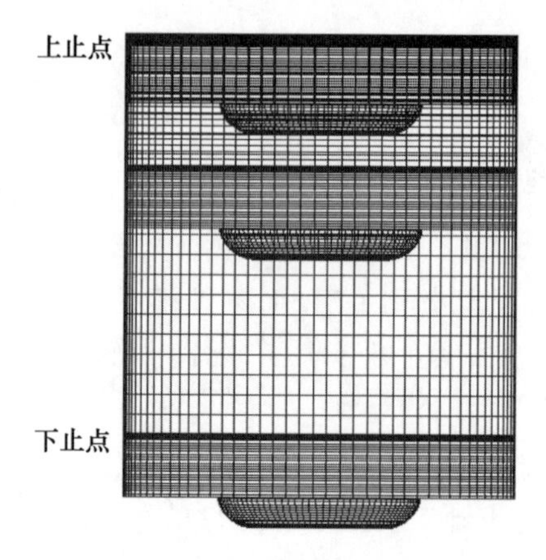

图 7－1　燃烧室网格运动过程

7.2　增压持续期范围选取

增压式超高压喷射系统可调喷油率的实现乃是通过增压泵电磁阀的开关控制的。增压需要一个响应时间,增压时间太短,则增压压力不能达到或接近理想值;另外,增压过程也有一个其所能维持增压压力的最长时间。图 7－2 所示为喷油持续期为 2ms,以 0.1ms 的间隔一直变到 4ms 的增压压力情况。图中箭头所示方向为增压持续期增大的方向。

由图 7－2 可见,当增压泵开启持续期小于 1ms 时,增压压力峰值比较小且随开启持续期的增大变化迅速;而当增压持续期大于 3ms 后,再增大持续期几乎不对增压压力产生影响。所以,在使用增压泵的时候,其开启持续期处在 1～3ms 是比较合适的。

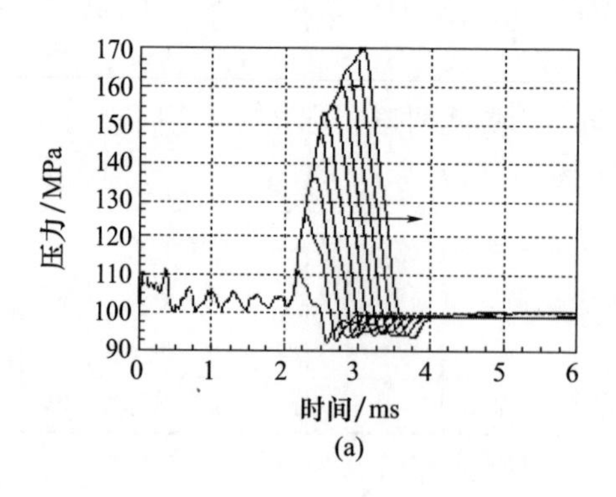

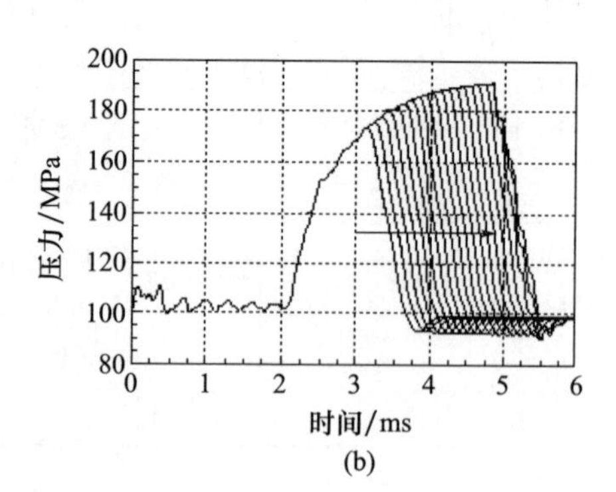

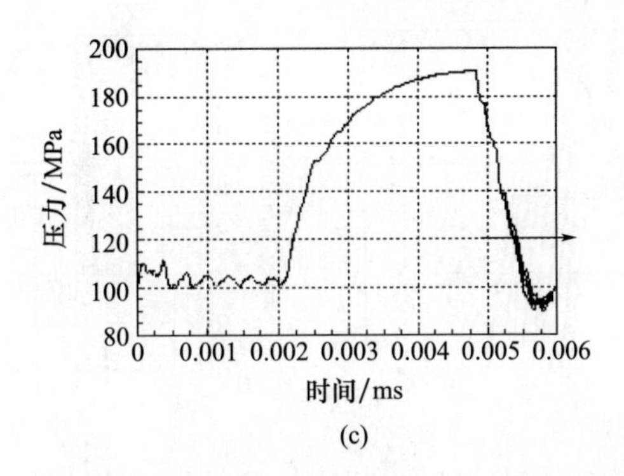

(c)

图 7-2 增压持续期与增压压力关系

(a)0.0~1.0ms;(b)1.1~3ms;(c)3.1~3.4ms。

7.3 喷油率曲线成形的对比

7.3.1 喷油持续期与喷射压力不同的喷油率曲线

保持喷油量和相应的喷油持续期不变,仿真参数设置见表 7-2。可调喷油率曲线,见图 7-3。为便于与现行超高压喷射系统比较,改变轨压,电控增压泵不工作,喷油率曲线,见图 7-4。由图 7-3 可见,随着增压与喷油间隔的增大,喷油率从矩形变化到斜坡形直至靴形;增压与喷油间隔越小,实现相同的喷油量所要的喷油持续期越小。由图 7-4 可见,当增压泵不工作时,增压式超高压喷射系统即变成传统的超高压喷射系统,这时其喷油率近似矩形,改变轨压只能改变矩形高度,不能改变喷油率形状;随着轨压的减小,为实现相同的喷油量,需要更长的喷油持续期。

表 7-2 仿真参数设置 1

方案	喷油器开关/ms	矩形喷射压力/MPa	增压泵开关/ms	增压泵基压/MPa	方案	喷油器开关/ms	矩形喷射压力/MPa	增压泵开关/ms	增压泵基压/MPa
1	2~4	178	1.7~4	100	6	2~5.25	119	3.9~5.25	100
2	2~4.25	163	2.1~4.25		7	2~5.5	112	4.4~5.5	
3	2~4.5	150	2.3~4.5		8	2~5.75	107	4.9~5.75	
4	2~4.75	135	2.7~4.75		9	2~6	101	5.5~6	
5	2~5	128	3.3~5						

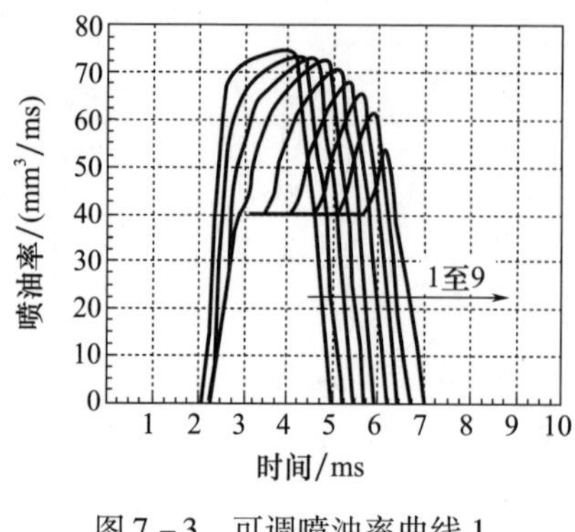

图7-3　可调喷油率曲线1

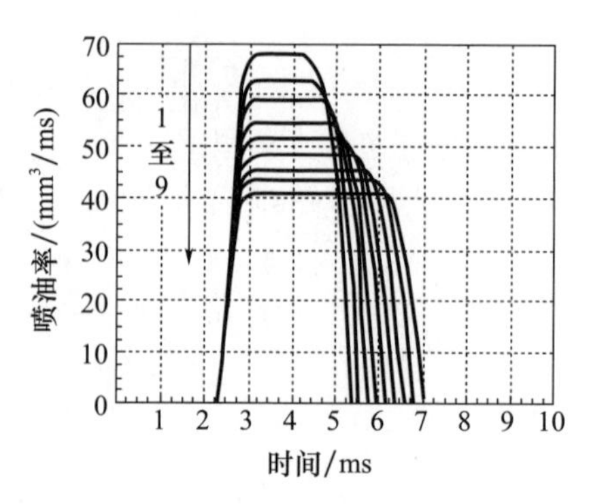

图7-4　传统矩形喷油率曲线

7.3.2 基压与增压时序不同的喷油率曲线

保持喷油持续期与喷油量不变,仿真参数设置见表7-3,喷油率曲线见图7-6。对照表7-3与图7-6可以得出:在同样的喷油持续期下,随着增压时刻的延后,要实现同样的喷油量需要更大的基压压力,也就是说在同样的基压压力喷油持续期下,矩形喷油率的喷油量要大于斜坡形喷油率的喷油量,而靴形喷油率的喷油量最小;在同样的基压压力下,随着喷油持续期的增长,可以延迟增压开始的时刻,实现相同喷油量。

表7-3　仿真参数设置2

方案	喷油期/ms	增压期/ms	基压/MPa	方案	喷油期/ms	增压期/ms	基压/MPa
10	1~3	0.7~3	100	17	1~4	2.3~4	100
11	1~3.5	0.8~3.5	80	18	1~4.5	1~4.5	60
12		1.1~3.5	90	19		1.5~4.5	70
13		1.3~3.5	100	20		2.1~4.5	80
14	1~4	1~4	70	21		2.8~4.5	90
15		1.4~4	80	22		3.4~4.5	100
16		1.9~4	90				

7.4 燃烧排放特性分析

柴油机在工作过程中,喷油规律的改变会导致燃料扩散的空间结构及其油气混合规律发生变化,进而对柴油机燃烧排放特性产生显著影响。因此,为分析喷油规律对燃烧排放性能的影响，将利用超高压共轨系统仿真模型（图 7－3～图 7－5）实现的三种不同形状的喷油规律（矩形、斜坡形和靴形）导入基于 Fire 软件建立的燃烧室仿真模型中，得出了喷油规律对燃烧排放特性的影响（图 7－6～图 7－12），由图可知，随着喷油规律曲线逐渐从矩形变化为斜坡形直至靴形，缸内压力峰值、缸内温度峰值略有下降，达到峰值的时间延后。缸内最终温度随着喷油持续期的变长和喷油规律的变化而升高。总体上，三种喷油规律的 NO_x 和碳烟排放值都比较低，靴形喷油规律的排放性能要好于其他两种喷油规律。

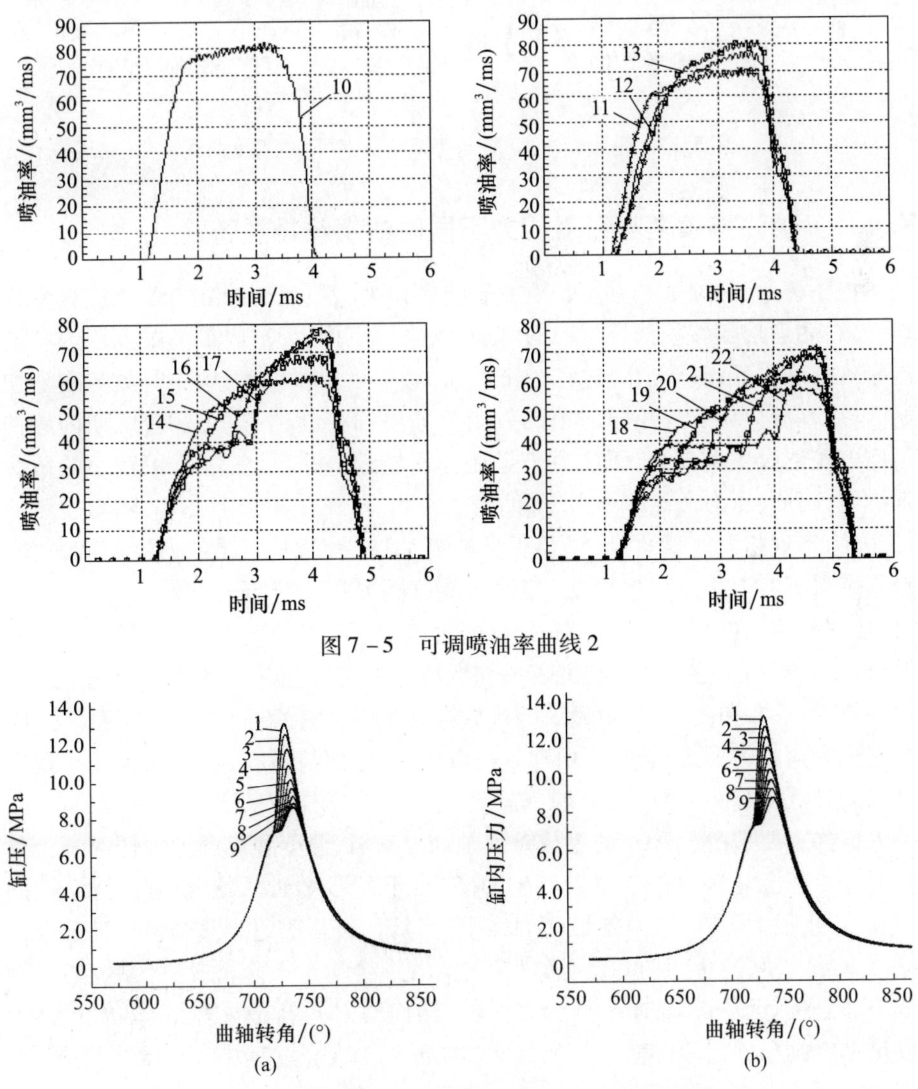

图 7－5 可调喷油率曲线 2

图 7－6 靴形喷油率（a）与矩形喷油率（b）的缸压曲线

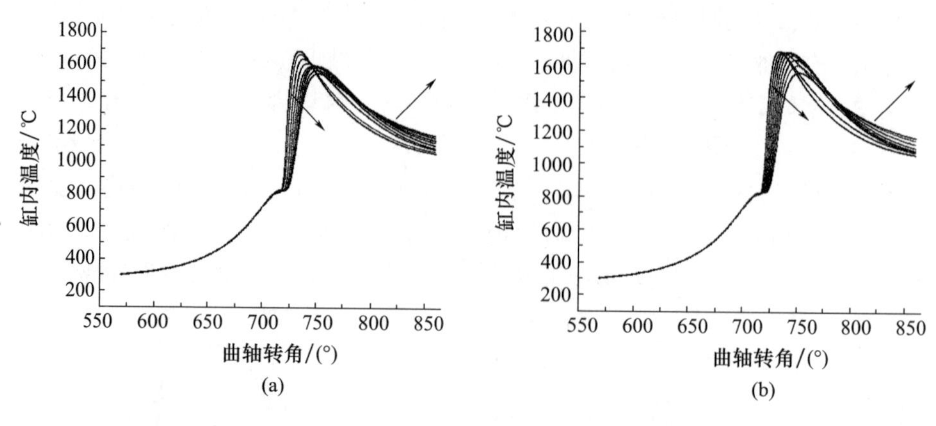

图 7－7　靴形喷油率(a)与矩形喷油率(b)的温度曲线

7.4.1　喷油持续期与喷射压力不同时的燃烧排放特性

由图 7－6 和图 7－7 可知，矩形喷油率和靴型喷油率的缸内燃烧过程变化相一致，两者均随着喷油持续期的增加，燃烧始点推迟，缸内最高爆发压力和缸内平均温度降低，整个燃烧过程趋于柔和，对于靴型喷油率，增压时刻与喷油初始时刻间隔越小，实现相同的喷油量所要的喷油持续期越小，在滞燃期内燃油与空气预混合比例越高，而且由于是在柱塞接近上止点、气缸容积较小的情况下燃烧，因此，压力升高率增大，柴油机工作粗暴；对于矩形喷油率，随着轨压的减小，为实现相同的喷油量，需要更长的喷油持续期，其结果使燃烧时间拉长，较多燃料不在上止点附近燃烧，柴油机最高爆发压力降低，热效率下降。由此可见，调整喷油控制策略，充分利用缸内温度和压力条件变化，控制燃油和空气混合过程，有利于控制柴油机的着火和燃烧过程，实现低排放和高功率输出。

从图 7－8 和图 7－9 所显示的排放结果来看，两种不同的喷油模式下，NO_x 和碳烟变化趋势大致相同，NO_x 排放先增加，然后保持不变；碳烟的排放呈现先升高后降低的趋势，NO_x 和碳烟排放表现出传统燃烧方式下存在的 trade－off 关系。这主要是由于 NO_x 的生成条件是高温富氧，温度和氧含量中任何一个条件的改变都会对 NO_x 的生成量产生影响，对于靴形喷油率，随着喷油持续期的增加，爆发压力下降，缸内的最高温度下降，从而使 NO_x 生成量减少，对于矩形喷油率，随着喷油压力的降低，滞燃期内油气混合质量下降，预混合燃烧的比例减小，燃烧拖延较长，缸内平均温度降低，从而使 NO_x 排放减少；碳烟的最终生成量是生成和氧化两过程竞争的结果，碳烟量在燃烧过程中先升高后降低，对于两种喷油模式，无论哪种喷油规律，随着喷油持续期的增加，滞燃期内预混合气的比例增加，减小了缸内局部缺氧区域，使缸内当量比分布趋于均匀，又由于燃烧后产生低温，使碳烟生成被抑制。

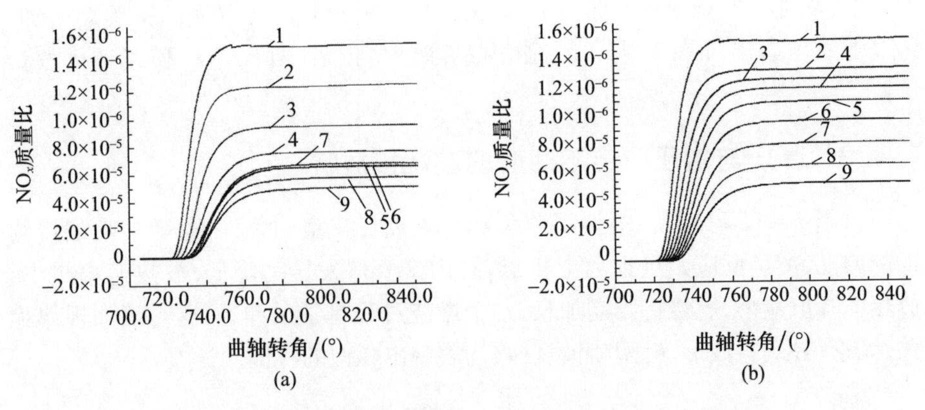

图 7－8　靴形喷油率(a)与矩形喷油率(b)的 NO_x 曲线

(a)靴形喷油率；(b)矩形喷油率。

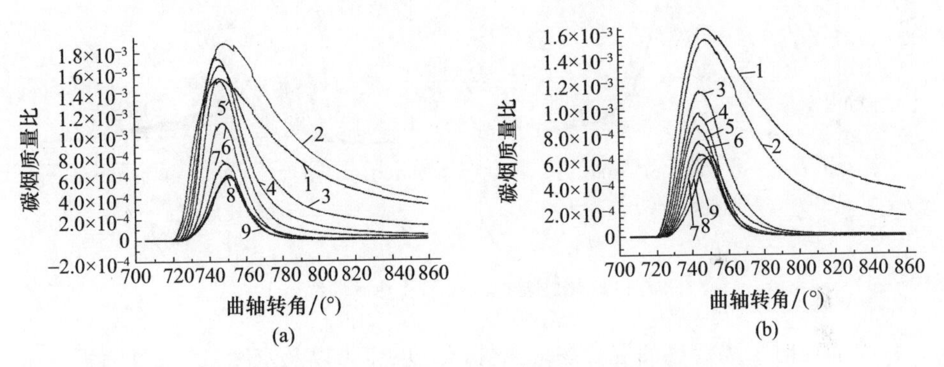

图 7－9　靴形喷油率(a)与矩形喷油率(b)的碳烟曲线

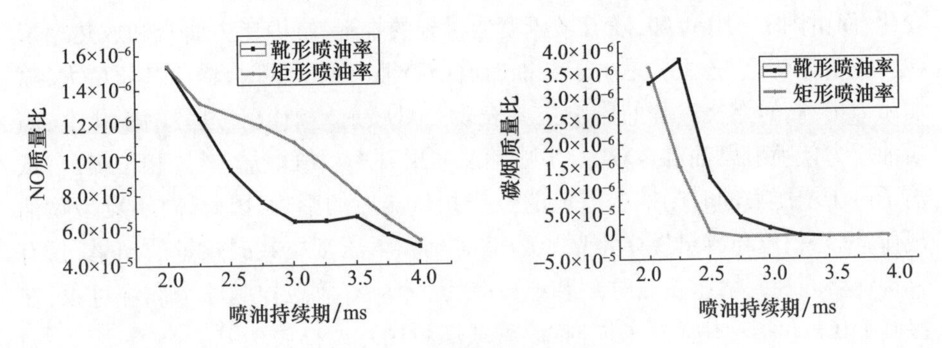

图 7－10　最终的排放值比较

由图7－10可见，相同喷油量、提前角、喷油持续期的情况下，矩形喷油率的NO_x排放均大于靴形喷油率的NO_x排放，特别是喷油持续期在2.5～3.5ms时；靴形喷油率的烟灰比矩形喷油率的烟灰排放稍差。随着喷油持续期增加，最高爆发压力出现在上止点后，缸内最高燃烧温度下降，NO_x和碳烟排放量下降。

7.4.2 基压与增压时序不同时的燃烧排放特性

由图7－11可知，在喷油提前角和总喷油量一定的条件下，随着喷油持续期的增加，燃烧反应始点远离上止点，缸内最高爆发压力降低，放热速率减小，放热率峰值减小，燃烧持续期加长，整个燃烧过程趋于柔和，而这与喷油规律无关，无论矩形、斜坡形、靴型喷油规律，均表现出相似的特征。

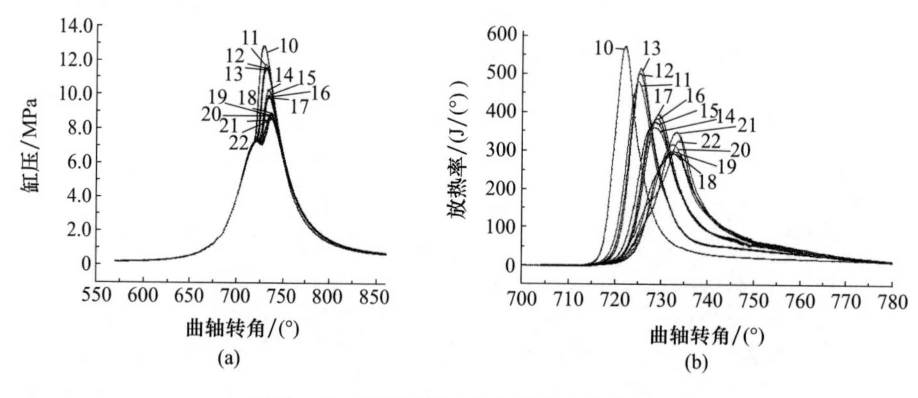

图7－11　缸压曲线(a)与放热率曲线(b)

喷油定时是决定燃油混合物理条件(温度、压力以及密度)的关键因素。由图7－4可知，在主喷定时相同的情况下，增压喷油时刻决定了喷油规律的形状变化；而由图7－10可知，随着增压喷油时刻的推迟，缸内压力曲线和放热率形状并无明显变化，这主要是由于在推迟增压喷油时刻的同时，增压基压增大，喷油压力提高，对燃烧过程的影响主要表现为对喷射燃油混合过程的强化上，高喷油压力使喷射燃油混合较好，主喷燃油的压升率幅值增加，燃烧相位提前，抵消了由于增压喷油时刻推迟造成的燃烧相位滞后的影响，因此，对于靴型喷油规律，燃烧相位和放热规律是增压喷油时刻和增压基压共同较量的结果，只有合理地协同控制增压喷油时刻和增压基压，才能有效地控制整个燃烧过程，在提高IMEP和指示热效率的同时，改善碳烟和NO_x的排放。

同时，由图7－11放热率曲线可知，在一定的增压喷油时刻范围内，增压基压决定放热率峰值的大小,如果增压喷油时刻过晚,燃烧则会恶化,燃烧持续期拖长,污染物排放增加。

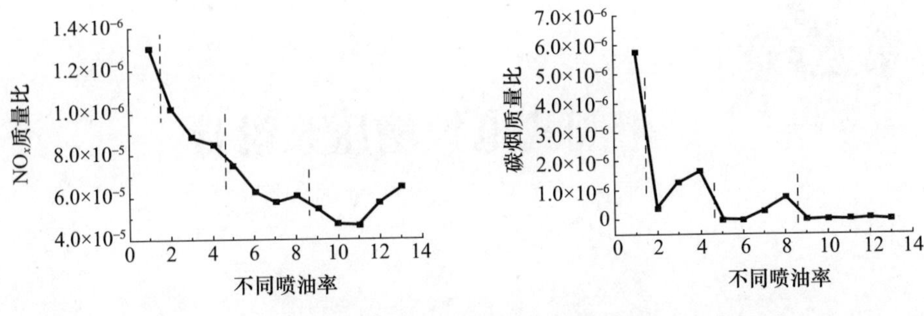

图 7-12 NO_x 与烟灰排放趋势图

NO_x 与烟灰排放的总体趋势是,随着喷油持续期(用虚线隔开)的增长而减小。喷油持续期为 2.5ms 时,矩形喷油率的 NO_x 排放,比斜坡形喷油率的 NO_x 排放大;在喷油持续期为 3ms 和 3.5ms 时,NO_x 排放的排列为矩形喷油率大于斜坡形,斜坡形大于靴形,但是随着增压时刻的推后所实现的靴形喷油率,其 NO_x 排放又增加。除喷油持续期为 2ms 的喷油率的烟灰排放外,其他的烟灰排放均较为理想。

从排放结果来看,由图 7-12 可知,NO_x 的排放随着喷油速率的增加,整体趋于减小,而当喷油速率大于 10 后,出现轻微上升;碳烟排放变化明显,随着喷油速率的增加而减小,并一直维持在较低的排放水平。这是由于靴型喷油规律相对于矩形喷油规律,喷油压力的增加提高了预混燃油和主喷燃油与空气的混合速率,混合气浓度分布更均匀,混合气浓区的减少改善了缸内"缺氧"的环境,使碳烟排放大幅降低。同时,由于混合气较均匀,着火后缸内预混燃烧和主喷燃烧的放热速率加快,放热峰值增加,缸内温度也显著增加,会带来 NO_x 排放恶化的负面影响,如图 7-10 所示,NO_x 排放在后期出现上翘,因此,合理地优化和定量地设计靴型喷油规律,必须兼顾 NO_x 和碳烟排放,而喷油压力的提高也应折中考虑以上因素。

第8章 滑阀式电控增压泵设计

通过前文研究得出，基于两位三通原理的电控增压泵在增压性能、控制耗油量、喷油率可调性、增压压力稳定性等各个方面都要显著优于基于两位两通原理的电控增压泵。但是，两位三通电磁阀相对于两位两通阀在结构上要复杂得多，加工难度要大得多。立足国内加工工艺现有水平，而又要实现电控增压泵的性能优化，需要将两种工作原理进行科学的融合。

8.1 滑阀式电控增压泵设计思路

从工作原理上分析，基于两位三通原理的电控增压泵，能够提高有效增压压力和减少控制耗油量的原因就在于增压过程中没有节流孔向控制室补油；能够消除压力振荡现象的原因就在于增压过程结束后通过电磁阀控制的大孔径流道将控制室与基压室（与共轨）连接起来了。可见，任何能实现这一原理的结构都可消除压力波动。

为能在确保增压室的密封性以保障电控增压泵的增压能力不受影响的前提下，消除压力波动现象，并尽量小地改动基于两位两通原理的电控增压泵结构，这里提出以下两种方法：

（1）在电控增压泵体上再开一个节流孔（图8－1），这一节流孔的位置为增压柱塞增压运动开始时，柱塞大端将它关闭，复位后将它打开；

（2）在增压柱塞小端再开一个节流孔（图8－1），这一节流孔的位置为增压柱塞增压运动开始时，增压柱塞小端将它关闭，复位后将它打开。

保持进油节流孔孔径不变，使用上述两种方法及采用两位三通原理的电控增压泵的增压压力情况见图8－2。可以看出方法（1）和方法（2）可以在保持增压压力峰值不变的情况下,大幅减小压力波动。

8.2 基于增压柱塞大端滑阀式电控增压泵性能分析

增压柱塞大端滑阀式偶件设计结构见图 8-1(即在图 8-1 中“方法一”所示位置开设节流孔 2)。当电磁阀通电时,控制室内燃油压力迅速下降,增压柱塞向增压室方向运动,节流孔 2 被关闭,由于节流孔 1 直径的减小,电控增压泵的控制耗油不会增加,响应速度和增压能得到高。当电磁阀断电时,控制室的燃油得到节流孔 1 的补充,并在复位弹簧的作用下实现复位,复位后节流孔 2 被打开,各腔室燃油压力被迅速平衡,实现压力波动的抑制。模型中使用滑阀仿真模拟实际结构中的节流孔 2。仿真模型见图 8-3。

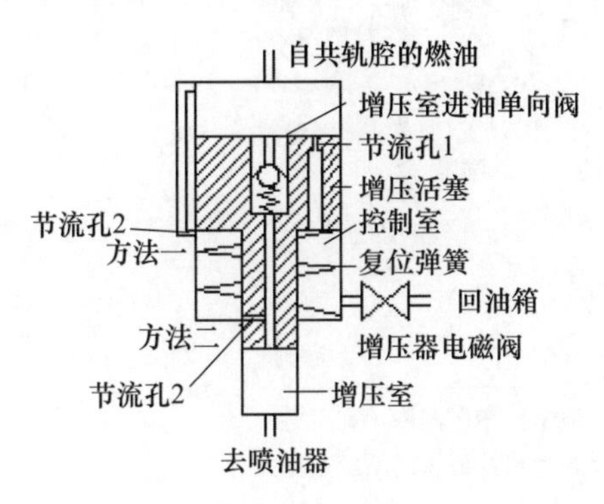

图 8-1 消除压力波动的两种结构

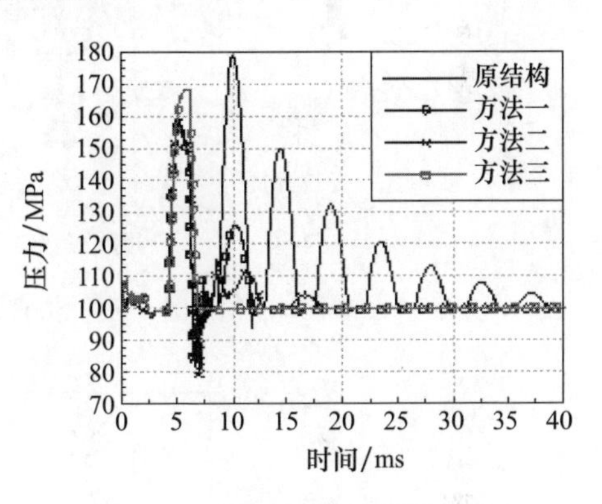

图 8-2 不同改进结构的增压压力

1. 增压室压力情况对比

设定增压柱塞截面比为 2,轨压 100MPa,增压泵电磁阀在 4 ~6ms 开启,喷油器电磁阀在 2 ~6ms 开启。出油电磁阀流通面积均为 0.8mm^2。增压柱塞小端处的偶件间隙取 2×10^{-6}m。在仿真研究了节流孔 2 的孔径大小、节流孔 2 形状及节流孔 2 位置(节流孔 2 上边缘到柱塞大端面的距离)对增压压力的影响以后,本书仅列出:在模拟基于两位两通原理的电控增压泵时,节流孔 1 取为 0.2mm,节流孔 2 取为 0mm 以及在模拟基于柱塞大端滑阀式偶件的电控增压泵时,节流孔 1 直径取为 0.1mm,节流孔 2 直径取为 0.3mm,节流孔 2 为圆孔,位置为 0mm 的增压室压力情况对比见图 8-4。

由图 8-4 可以看出,在喷油持续期内,优化后的电控增压泵的增压压力峰值达到169MPa比基于两位两通原理的电控增压泵的159MPa要大10MPa。增压泵的实际增压比得到有效提高;优化后的增压泵在增压过程结束后,其增压室压力能够很快地回到基压(100MPa)并保持稳定,而原系统的增压室压力却存在强烈的振荡现象。

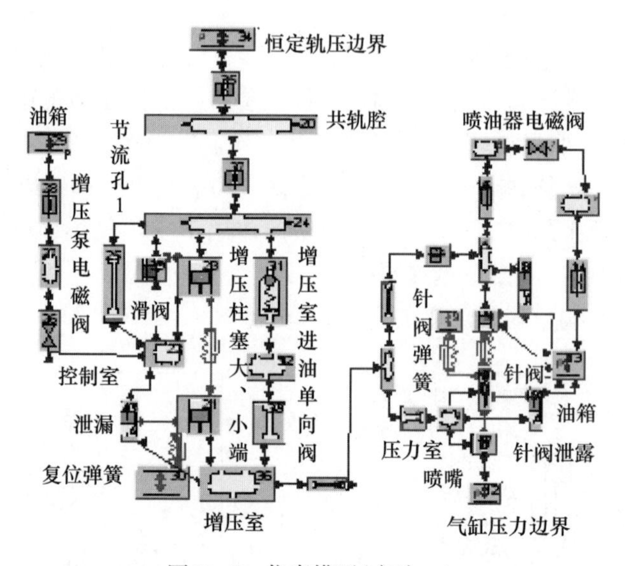

图8-3　仿真模型(方法一)

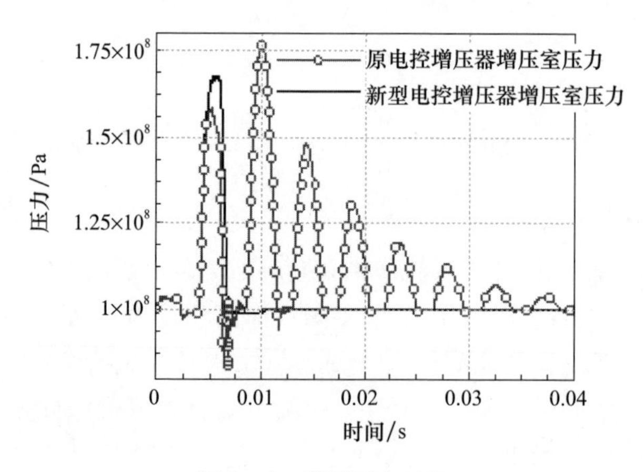

图8-4　增压压力对比

2. 控制耗油量对比

消耗最小的控制耗油以实现相同的增压比是电控增压泵的追求目标之一。增压过程中,电控增压泵的控制耗油率(控制耗油量即控制耗油率对时间的积分)见图 8－5。由图 8－5 可以看出,优化后的增压泵的控制耗油量要比基于两位两通原理的电控增压泵的控制耗油量小 28% 左右;在增压过程中,优化后的电控增压泵的控制油率呈先急后缓的规律下降,基于两位两通原理的电控增压泵控制耗油率却是先减小后增加,均与控制室压力的下降趋势相同。

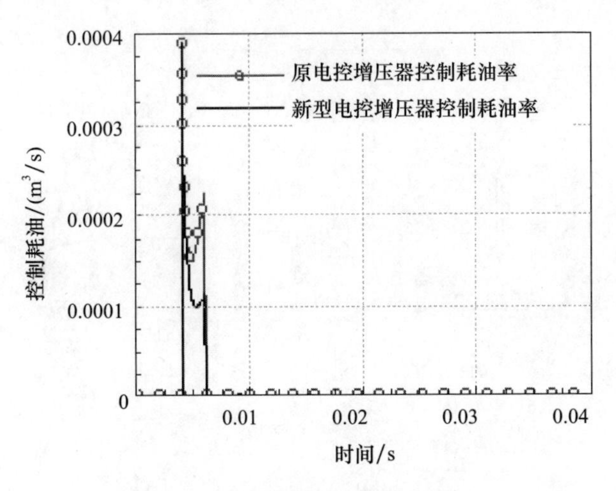

图 8－5　电控增压泵控制耗油率

8.3　基于增压柱塞小端滑阀式电控增压泵性能分析

基于增压柱塞小端滑阀式电控增压泵的结构原理(即在图 8－1 中“方法二”所示位置开设节流孔 2),经过合理地物理抽象之后,建立系统仿真模型,见图 8－6。

系统工作原理为:在增压期间,增压泵电磁阀打开,控制室油压迅速下降,增压柱塞向增压室方向运动,阀口被关闭,增压室成为一个封闭的流场,从而使电控增压泵的增压能力得到保障。增压期间结束后,增压泵电磁阀关闭,控制室内燃油得到轨腔的补充,压力回升,同复位弹簧一起使增压柱塞复位。此时,阀口被打开,控制室内流场通过增压柱塞中心过油通道、平衡油压节流孔与基压室内流场连通,使控制室与增压室内的压力波动被消除。

1. 不同节流孔面积的影响

从滑阀的阀口流出的燃油体积流量可按伯努利方程(4－2)计算。显然,为消除压力波动,阀口面积必须取大些,但是太大(与控制室出油节流孔可比拟),则会降低增压期间的响应速度和增加控制耗油。因此,阀口面积要控制在比增压泵电磁阀的节流孔面积(1mm^2)小一个数量级的范围内。选用圆形阀口,取 $d=0\text{mm}$,不同的阀口面积 μ_A 下,增压室的压力情况,见图 8-7。

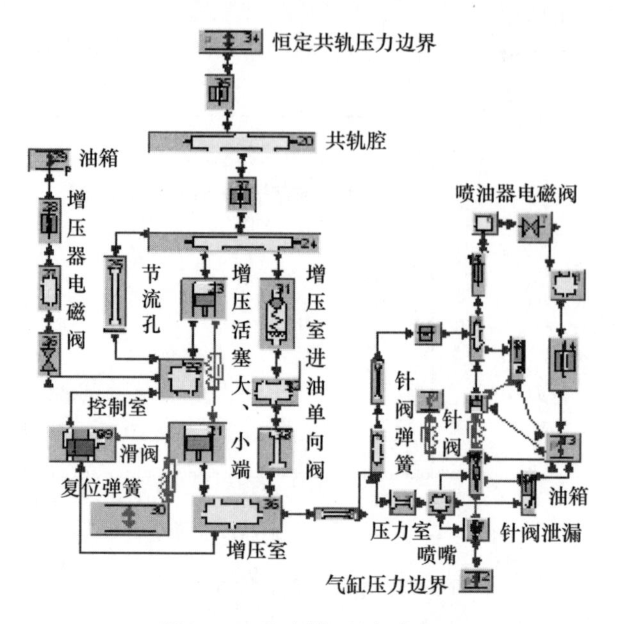

图 8-6　仿真模型(方法二)

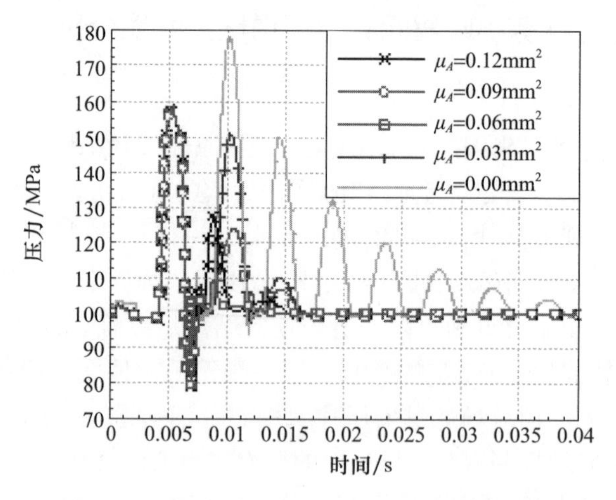

图 8-7　不同阀口面积消振效果对比(见书末彩图)

由图 8-7 可以看出,各种阀口面积 μ_A 下,增压后的峰值压力、系统响应速度都与原系统(相当于 $\mu_A=0.00\text{mm}^2$)保持基本一致,增压能力显著;随着阀口

面积 μ_A 的增大,压力波动先明显减弱,当阀口面积 μ_A 增大到一定值之后,压力波动现象又开始变强;阀口面积 $\mu_A = 0.09\text{mm}^2$ 附近时,压力波动现象基本被消除,系统性能大幅增加。

2. 不同节流孔形状的影响

由于增压柱塞的运动,在同样的 d 值以及阀口面积下,不同的阀口形状,其实际的节流面积曲线也不一样[110]。所以阀口形状对电控增压泵的性能也有影响。

选取 $\mu_A = 0.09\text{mm}^2$,并取 $d = 0\text{mm}$,改变阀口形状,即输入不同的平衡油压节流孔面积曲线(图 8-8),增压室的压力情况见图 8-9。

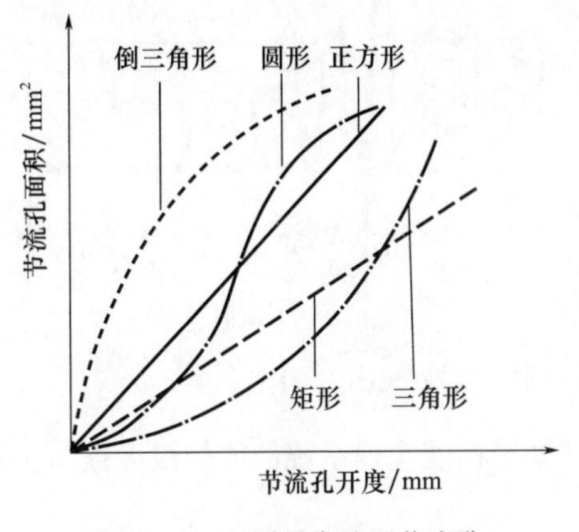

图 8-8 不同平衡油压节流孔形状对应的面积曲线

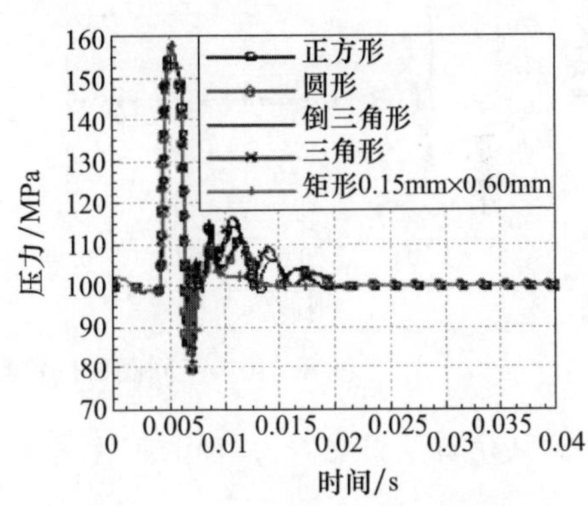

图 8-9 不同阀口形状消振效果对比

由图 8-9 可以看出,不同阀口形状下增压后的峰值压力、系统响应速度基本一致,增压能力显著;矩形阀口形状的消振效果最好,圆形和正方形阀口消振效果次之,倒三角形阀口与三角形阀口消振效果稍逊。阀口形状对消振效果的影响不如阀口面积对消振效果的影响强烈。考虑到国内材料加工工艺水平,本书采用圆形阀口。

3. 不同节流孔位置的影响

由工作原理可知,节流孔在增压柱塞上所处的位置,对消振能力有很大影响。即 d(节流孔 2 下边缘到控制室的距离)值太大,则增压柱塞向增压室方向运动压油时不能及时地将平衡油压节流孔关闭而损失增压能力和增加控制耗油;d 值太小,则增压柱塞复位后滑阀口不能被完全打开,从而削弱消振能力。

选取圆形阀口面积$\mu_A = 0.09\text{mm}^2$，改变阀口位置（取不同的 d 值），增压室的压力情况见图 8－10。由图 8－10 可以看出，d 值的大小对增压压力峰值、系统响应速度基本没有影响，即不会影响增压能力；当 $0\text{mm} \leqslant d < 0.6\text{mm}$ 时，亦即矩形阀口在增压柱塞复位后全部被打开，此时的消振效果好且基本一致。当然，为了保证增压期间增压柱塞的运动能很快把增压室密封住，d 值不能取太大；当 $-0.6\text{mm} \leqslant d < 0\text{mm}$ 时，亦即矩形阀口在增压柱塞复位后只是部分地或没有被打开，此时的消振效果随着 d 的减小而急剧减弱。

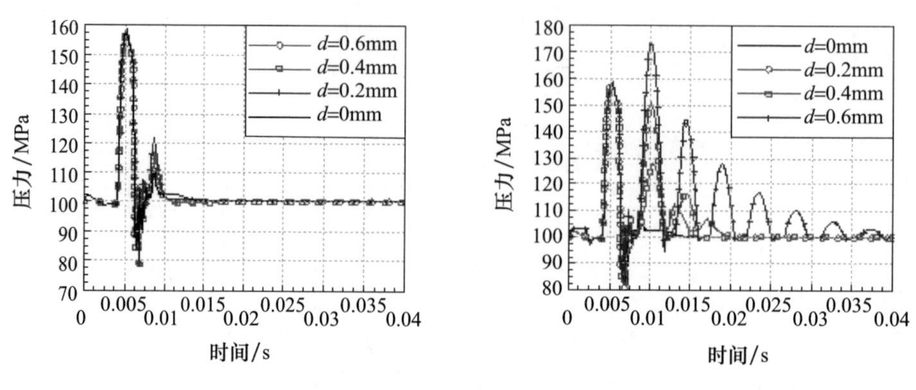

图 8－10　不同阀口位置时的消振效果（见书末彩图）

从仿真结果来看，这种滑阀式增压柱塞结构能实现系统性能的极大提高。

8.4　基于平衡油压电磁阀的超高压喷射系统特性分析

在电控增压泵中增加平衡油压电磁阀，该阀在增压过程中处于关闭状态，不会对增压过程造成影响，在增压泵电磁阀关闭时（增压过程结束后）开启，将增压泵增压室与增压泵基压室（与共轨连接的大容积）连通以消除增压室及喷油器蓄压室的振荡。

8.4.1　基于平衡油压电磁阀的超高压喷射系统特性分析

基于平衡油压电磁阀的超高压共轨喷射系统结构如图 8－11 所示，对应仿真模型见图 8－12。计算所得增压室以及喷油器蓄压室的压力情况见图 8－13，可实现的喷油率形状见图 8－14。

由图 8－13 可以看出，轨压为 100MPa 时，增压后的峰值压力可达到 180MPa 左右，增压效果显著；蓄压室的压力上升要滞后于增压室，其原因在于压力传播需要时间，在增压时刻与喷油时刻配合时需要对压力传播时间进行补偿；增压结束后，压力波动现象得到彻底解决，只存在小幅的压力波动，系统性能大幅提升，蓄压室内的压力波动幅度稍小。喷油器蓄压室压力的上升时间以及下降时间都比改进前的系统小，这大大减小了增压时刻与喷油时刻的配合难度。

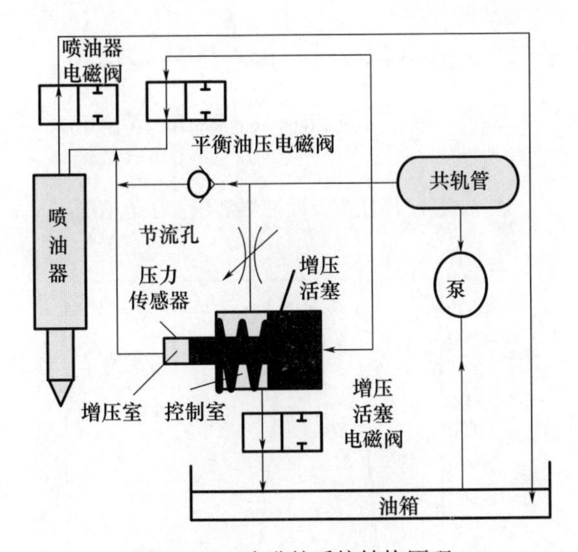

图 8－11　改进的系统结构原理

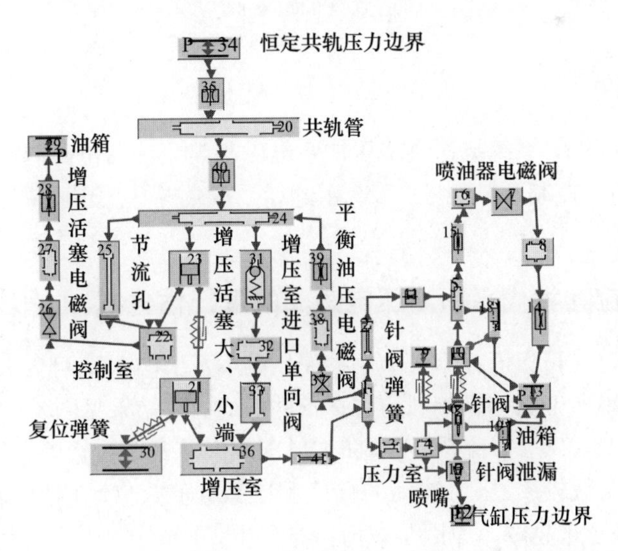

图 8－12　基于平衡油压电磁阀的超高压喷射系统仿真模型

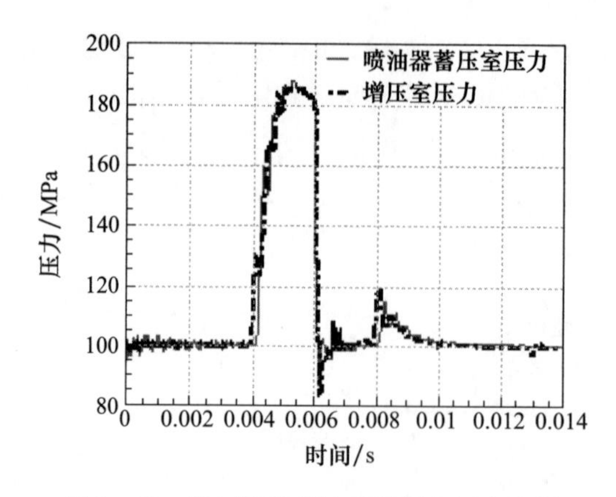

图 8-13 增压室及喷油器蓄压室压力情况

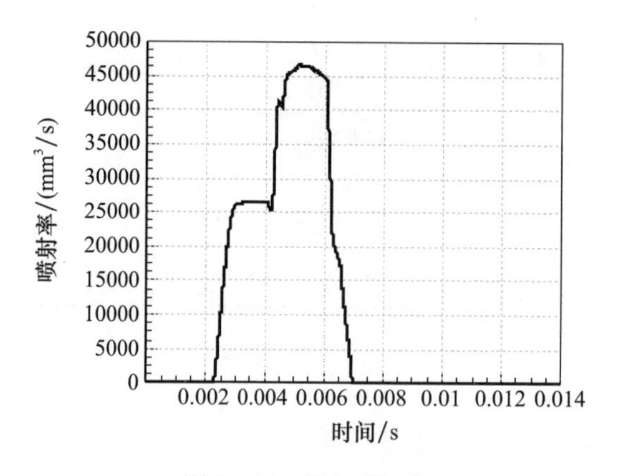

图 8-14 燃油喷油率

图 8-14 显示,系统能通过增压柱塞电磁阀与喷油器电磁阀的开关配合实现多级喷射压力控制和靴型喷射;增压开始后喷射率上升快,到达峰值后稳定性好。

8.4.2 节流孔替代平衡油压电磁阀的可行性分析

使用节流孔(可以看作常开型阀)替代平衡压力电磁阀,可大大简化系统的复杂程度,减小加工难度。相同的仿真条件下的仿真结果见图 8-15。

由图 8-15 可见,节流孔径较小时,增压效果基本不受影响,但是压力波动的幅值较大,次数较多;压力波动的幅值和次数,随着节流孔径的增大而减小,但是增压效果越来越弱。原因是在增压过程中,一部分增压后的高压油会经节流孔损失掉。

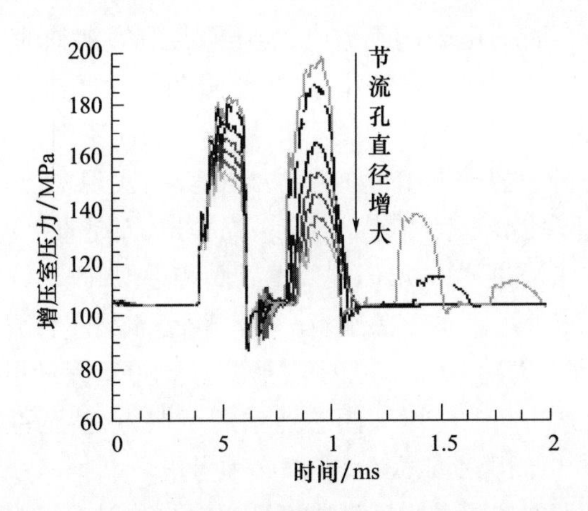

图 8－15 不同节流孔孔径的增压压力情况(见书末彩图)

可见,节流孔的流通面积太大则增压效果必然减弱,流通面积太小则消除振荡的效果不明显。节流孔的流通面积与增压效果、消除振荡效果之间存在折中关系。

8.4.3 两位四通型平衡油压电磁阀的结构设计

由仿真分析可知,基于平衡油压电磁阀的超高压喷射系统确能改善系统的整体性能。但增加了系统复杂度。考虑到平衡压力电磁阀与增压泵电磁阀的开关时刻相同,且一个是常开型电磁阀,一个是常关型电磁阀,可以将其合并成一个常闭型四通的电磁阀。本书设计的两位四通型平衡油压电磁阀结构如图 8－16 所示。

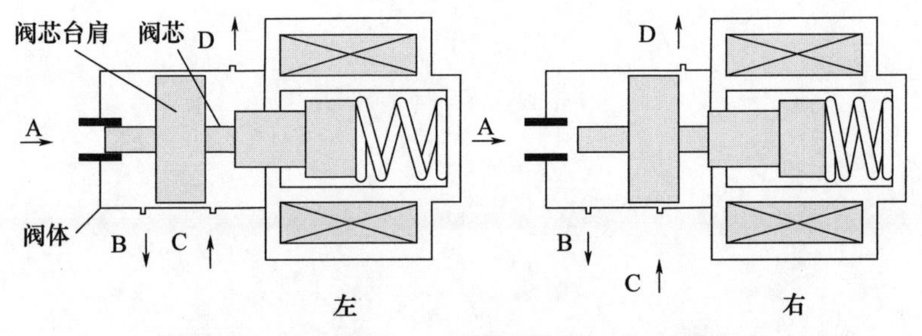

A—接控制室；B—连油箱；C—接增压泵出口；D—连增压泵入口。

图 8－16 常闭型四通电磁阀结构原理

由图 8－16 可知,A、B 之间为增压泵控制室泄油油道;C、D 之间为用于连通增压泵进、出口的油道。该阀工作原理为:在非增压期间,电磁阀的状态如图8－16左所示。此时电磁阀不通电,增压泵控制室泄油油道截止,而增压泵进、出口的油道连通,压力波动被消除。在增压期间,电磁阀的状态如图8－16右所示。此时电磁阀通电,阀芯向右运动,增压泵控制室泄油油道打开,控制室实现泄油,压力下降,增压柱塞向增压室方向运动,实现增压。同时增压泵进、出口的油道被截止,使增压后的燃油不会被损失掉,而是直接进入喷油器。

这种电磁阀形式与原来的增压柱塞电磁阀相近似,改动较小。电磁阀A口处采用锥面密封,该处可以不考虑泄漏。但滑阀是靠阀芯台肩与阀体圆柱配合面之间的密封带进行密封,属于间隙密封形式。要想泄漏量小必须使阀芯与阀体的间隙最小,但减小间隙将增大阀芯运动的摩擦力,甚至可能导致阀芯在运动过程中卡死。所以间隙不能太小,泄漏必须考虑。

内泄漏 Q_1 可近似按同心圆环缝隙流量式(4－3)计算,代入周长12mm,$\delta = 0.006\text{mm}$,$\Delta p = 100\text{MPa}$,$\mu = 0.0012\text{Pa} \times \text{s}$,$L = 4\text{mm}$,可得 $Q_1 = 1.83\text{mm}^3/\text{ms}$。参照式(4－3)(代入C口周长4mm,其他条件同 Q_1)可计算得在增压过程中C口的泄漏量:$Q_2 = 0.6\text{mm}^3/\text{ms}$。可见燃油损失很小,对增压效果影响较小。

两位四通型的电磁阀虽然可以解决压力波动问题,但是在结构设计上需要将增压泵入口、出口及控制室燃油耦合到一起,增压泵内部油路比较复杂。更重要的是,滑阀很难解决超高压密封的问题。

参考文献

[1] 孙培廷,黄连中,李斌. 国际海事组织《MARPOL》公约附则Ⅵ的实施要点研究[J]. 航海技术,2000(1):45-49.

[2] 吴维平. 中国内河船舶大气防污染对策及运力结构改善对沿岸港口大气环境质量的影响[J]. 交通环保,2001,22(5):21-25.

[3] 劳辉. MARPOL73/78 附则Ⅵ的生效及其相关问题[J]. 交通环保,2005,26(1):49-51.

[4] 刘建华,陈景锋,陈丹. 船用柴油机 NO_x 排放的试验研究[J]. 集美大学学报(自然科学版),2000,5(4):37-41.

[5] YANG J,ANDERSON R. W. Fuel Injection Strategies to Increase Full-Load Torque Output of a Direct Injection SI Engine[C]. SAE Paper 980495,1998.

[6] NOMA K,IWAMOTO Y,MURAKAMI N,et al. Optimized Gasoline Direct Injection Engine for the European Market[C]. SAE Paper 980150,1998.

[7] 蒋德明. 内燃机燃烧与排放学[M]. 西安:西安交通大学出版社,2001.

[8] MAN B&W Diesel A/S,Copenhagen,Denmark. Service Experience 2006,ME and MC Engines[R]. 2006.

[9] 汪洋,谢辉,苏万华,等. 共轨式电控喷射系统控制参数对柴油机燃烧过程及排放的影响[J]. 燃烧科学与技术,2002,8(3):258-261.

[10] 冷先银,隆武强. 现代船用柴油机 NO*x* 排放的机内净化技术[J]. 柴油机,2009,31(2):19-25.

[11] DURNHOLZ M. Pre-injection a measure to optimize the emission behavor of DI-diesel engine[C]. SAE Paper 940674,1994.

[12] MINAMI T. Reduction of diesel engine NO_x using pilot injection[C]. SAE Paper 950611,1995.

[13] NAKAKITA K. Optimization of pilot injection pattern and its effect on diesel combustion with high-pressure injection[C]. Proceedings of the 10th International Combustion Symposium,Japan,1992:193.

[14] ERLACH H. Pressure Modulated Injection and Its Effect on Combustion and Emission of a HD Diesel Engine[C]. SAE Paper 950259,1995.

[15] 汪洋,苏万华,等. 共轨蓄压式电控喷射系统的喷油规律对发动机燃烧特性及排放性能的影响[J]. 内燃机学报,2002,20(3):200-204.

[16] 唐开元,欧阳光耀. 舰船大功率柴油机可控低温高强度燃烧技术及其实现[J]. 柴油机,2006,28(5):3-9.

[17] WANG ZHI,SHUI SHI JIN. A Micro-Variable Circular Orifice(MVCO) Fuel Injector for Zoned Low Temperature Combustion[C]. In:DOE 12th DEER Conference. Detroit:August,2006.

[18] TAKEHIRO T,AKIHIRO A,KAZUYOSHI I. Study on pilot injection of DI diesel engine using common-rail injection system[J]. JSAE Review,2002(23):297-302.

[19] 李煜辉,崔可润,朱国伟. 柴油机超高增压的电控技术[J]. 内燃机学报,2002,20(6):541-545.

[20] BOULOUCHOS K,等. 具有共轨式燃油喷射系统的大型柴油机工作和燃烧过程的优化[J]. 国外内燃机车,2001(3):21-27.

[21] 黄军,王书义. Bosch公司共轨燃油喷射系统及其发展[J]. 车辆与动力技术,2005(1):58-63.
[22] LINGENER U. SIEMENS第二代压电共轨喷油系统[J]. 国外内燃机,2005(3):31-35.
[23] 李煜辉,催可润,朱国伟. 柴油机超高增压的电控技术[J]. 内燃机学报,2004(3):541-545.
[24] 蒋德明. 内燃机燃烧与排放学[M]. 西安:西安交通大学出版社,2001.
[25] TENNISON P J,REITZ R. An Experimental Investigation of the Effects of Common-Rail Injection System Parameters on Emissions and Performance in a High-Speed Direct-Injection Diesel Engine[J]. Journal of Engineering for Gas Turbines and Power. 2001,123:167-175.
[26] 格列霍夫,伊万申克,马尔科夫. 柴油机供油装置及控制系统[M]. 孙柏刚,赵建辉,柴国英,译. 北京:北京理工大学出版社,2014.
[27] ERLACH H. Pressure modulated injection and its effect on combustion and emissions of a HD diesel engine[C]. SAE paper 952059,1995.
[28] NEEDHAM J R. Injection timing and rate control—a solution for low emissions[C]. SAE paper 900854,1990.
[29] FUNAI K,YAMAGUCHI T,ITOH S,Injection rate shaping technology with common rail fuel system(ECD-U2)[C]. SAE paper 960107,1996.
[30] BECK N J,CHEN S K. Injection rate shaping and high speed combustion analysis—new tools for diesel engine combustion development[C]. SAE paper 900639,1990.
[31] SU W H,LIN T J,Pei Y Q. A compound technology for HCCI combustion in a DI diesel engine based on the mulipulse injection and the BUMP combustion chamber,SAE Paper,2003,2003-01-0741.
[32] SU W H,LIN T J,ZHAO H,et al. Reaserch and development of an advanced combustion system for the direc injection diesel engine. Journal Automobile Engineering,2005,219(2):241-252.
[33] 苏万华,赵华,王建昕,等. 均质压燃低温燃烧发动机理论与技术[M]. 北京:科学出版社,2010.
[34] 康拉德·赖夫. 柴油机管理系统—系统、部件、控制和调节[M]. 范明强,范毅峰,译. 北京:机械工业出版社,2016.
[35] SUSUMU K,KEIKI T,KOJI M. Flexibly Controlled Injection Rate Shape with Next Generation Common Rail System for Heavy Duty D I Diesel Engines[C]. SAE 200020120705.
[36] 李梁. 超高压燃油喷射条件下的大功率柴油机燃烧过程仿真研究[D]. 北京:北京交通大学,2020.
[37] 欧阳光耀,安世杰,刘振明,等. 柴油机高压共轨喷射技术[M]. 北京:国防工业出版社,2012.
[38] 张礼林,胡林峰,冯源. 电控共轨燃油系统高速电磁铁的研制[J]. 现代车用力,2004(4):1-6.
[39] 王九如. 高压共轨燃油系统涡旋迭片高速电磁铁的研制[J]. 现代车用动力,2004(3):7-12.
[40] DOHLE U. 3rd Generation Common Rail System from Bosch[J]. MTZ,2003,65(4):180-189.
[41] HURMMELK,BOEKING F,GROB J,et al. 3rd Generation PkW-Common-Rail von Bosch mit piezo-Inline-Injektoren[J]. MTZ,2004,65(3):180-189.
[42] MATSUMOTO SHUICHI,DATE KENJI,TAGUCHI TOORUET,et al. The New Denso Common Rail Diesel Solenoid Injector[J]. Mtz Worldwide,2013,2(11):24-29.
[43] SHINOHARA YUKIHIRO,TAKEUCHI KATSUHIKO,HERRMANN OLAF ERIKET,et al. 3000 bar Common Rail System[J]. Mtz Worldwide Emagazine,2011,72(1):4-9.
[44] BUNTING ALAN. Injection technologies——The rivalry intensifies[J]. Automotive Engineer(London),2003,28(3):44-48.

[45] KROPP M,MAGEL H C,MAHR B,et al. 喷油率形状可变的增压式压电共轨喷射系统[J]. 现代车用动力,2005(1):6－11.

[46] BOSCH PRESS RELEASE. Bosch Innovations for Commercial Vehicles[C]. 60th International Motor Show for Commercial Vehicles,USA,2004.

[47] WOLFGANG C. Member of the Board of Management of Robert Bosch GmbH,Sharing in Bosch's pool of knowledge[C]. Speech at Auto mechanic 2004,Frankfurt,2004:16－29.

[48] 范明强. 满足欧Ⅳ欧Ⅴ排放法规要求的轿车柴油机共轨燃油喷射系统[J]. 汽车与配件,2006,11(23):38－41.

[49] 60th International Motor Show for Commercial Vehicles 2004 Bosch Innovations for Commercial Vehicles [EB/OL]. http:www. bosch－press de/TBWebDB/en－US,2004. 9.

[50] 高石龙夫,等. 电子喷射系统的技术发展及动向[J]. 国外内燃机车,2002(4):24－30.

[51] LEONHARD R,PARCHE M,AVILA C A,et al. 商用车发动机增压式共轨喷射系统[J]. 国外内燃机,2010(2):22－25.

[52] SCHM ID W,HEIL B,HARR T,et al. Combustion process for the new generation of DaimlerChrysler heavy duty diesel engines and requirements to fuel injection systems[R]. 28. Internationales Wiener Motorensym posium.

[53] ALBRECHT W,DOHLE U,GOMBERT R,et al. Das innovative Bosch common rail system CRSN4. 2 fürdie neue generation yon schweren Daimler Chrysler nutzfahrzeug[R]. Dieselmotoren. 28. Internationales Wiener Motorensymposium.

[54] DOHLE U,DÜRNHOLZ M,KAMPMANN S,et al. 4 generation diesel common rail system for future emissions 1egisl ations[R]. FISITA World Automotive Congress,Barcelona,2004.

[55] KNECHT W. Strategies for Future Heavy Duty Diesel Engines for Commercial Vehicles[J]. Int. J. Vehicle Design,2006,41:67－82.

[56] 蒋德明. 达到欧洲Ⅵ排放法规的新一代车用重载柴油机[J]. 车用发动机,2009(4):1－6,15.

[57] SUSUMU K,KEIKI T,KOJIM1. Flexibly Controlled Injection Rate Shape with Next Generation Common Rail System for Heavy Duty DI Diesel Engines[C]. SAE Paper 2000－01－0705,2000.

[58] 张静秋. 柴油机增压式高压共轨系统研究[D]. 武汉:海军工程大学,2009.

[59] 杨林,冒晓建,郭海涛,等. 柴油机喷油压力的智能开关型模糊 PID 复合控制[J]. 车用发动机,2002(4):12－15.

[60] 李正帅,陆耀祖. 高压共轨式电控燃油喷射系统的计算机仿真[J]. 长安大学学报(自然科学版),2002,2(1):66－69.

[61] WYLIE E B,STREETER V L. Fluid transients in systems. New Jersey:Prentice—Hall,Inc,1993:37－95.

[62] 欧阳光耀,安士杰. 高压共轨燃油喷射系统结构参数影响的仿真研究[J]. 海军工程大学学报,2003,15(4):23－26.

[63] 安士杰,欧阳光耀. 电控喷油器仿真模块化研究[J]. 车用发动机,2002(4):23－26.

[64] 颜松,魏建勤. 高压共轨系统轨压模拟计算[J]. 液压与气动,2005(2):3－5.

[65] 王好战,肖文雍,冒晓建,等. 车用电控柴油机共轨油压模拟及其控制策略分析[J]. 柴油机,2002(5):17－20.

[66] 同济大学理论力学教砭室. 理论力学[M]. 上海:同济大学出版社,1990.

[67] 张祥英,周德喜. 力学技术[M]. 南宁:广西人民出版社,1984.
[68] 杨绪灿,金建三. 弹性力学[M]. 北京:高等教育出版社,1987.
[69] 李正帅,陆耀祖. 高压共轨式电控燃油喷射系统的计算机仿真[J]. 长安大学学报(自然科学版),2002,2(1):66-69.
[70] 欧阳光耀,安士杰. 高压共轨燃油喷射系统结构参数影响的仿真研究[J]. 海军工程大学学报,2003,15(4):23-26.
[71] 宋鸿尧. 液压阀设计与计算[M]. 北京:机械工业出版社,1982.
[72] 杨玉涛,张小栋. 高速电磁阀模型建立及响应特性研究[J]. 测试技术,2008(6):86-89.
[73] 戴佳,黄敏超,余勇,等. 电磁阀动态响应特性仿真研究[J]. 火箭推进,2007(1):40-48.
[74] 徐权奎,祝轲卿,陈自强,等. 高压共轨式柴油机电磁阀驱动响应特性研究[J]. 内燃机工程,2007(6):15-19.
[75] 林渭勋. 电力电子技术基础[M]. 北京:机械工业出版社,1990.
[76] 秦曾煌. 电工学[M]. 4 版. 北京:高等教育出版社,1990.
[77] 钱家骊. 电磁铁吸力公式的讨论[J]. 电工技术,2001(1):59-60.
[78] SEILLY A H. Solenoid Actuators - Further Development in Extremely Fast Acting Solenoid[J]. SAE Paper 810462,1981.
[79] 葛伟亮,汪渤. 电磁控制组件[M]. 北京:北京理工大学出版社,1999.
[80] 张静秋,王明鹤,邵利民,等. 增压式高压共轨系统磁致伸缩式电磁阀的研究[J]. 车用发动机,2009(5):22-26.
[81] 邹开凤. 高压共轨电控喷油器的研究[D]. 武汉:海军工程大学,2004.
[82] 安士杰. 高压共轨系统仿真及其电控喷油器的研究[D]. 武汉:海军工程大学,2003.
[83] 颜伏伍,邹华,肖琼. 电控喷油器动态响应过程模拟分析[J]. 武汉理工大学学报,2004(12):79-82.
[84] 吴建,卫尧,李德桃,等. 滑阀参数对蓄压式电控喷油器喷射过程的计算分析[J]. 内燃机工程,2003(2):54-57.
[85] 王桂华,陆家祥,顾宏中,等. 柴油机电控喷射系统工作过程仿真计算[J]. 上海交通大学学报,2000(4):466-468.
[86] 刘少彦,张宗杰,邓晓龙,等. 高压共轨整体式喷油器设计参数研究[J]. 内燃机工程,2003(4):35-37.
[87] 黎启柏. 液压组件手册[M]. 北京:冶金工业出版社,1999.
[88] 徐家龙,藤泽英也. 日本电装的电控高压共轨喷油系统(ECD-U2)[J]. 国外内燃机,2000(2):22-36.
[89] AVL-Hydsim Reference Manual[EB/OL]. Version4. 4,June 2004. http://www. avl. com;2007-08-11.
[90] 吴欣颖,李育学,谭笛. 电控共轨高压油泵柱塞偶件设计及试验研究[J]. 内燃机学报,2006,24(2):168-172.
[91] 欧大生,张静秋,欧阳光耀,等. 高压共轨电控喷油器偶件间隙设计及试验研究[J]. 内燃机工程,2008(4):11-15.
[92] 周志鸿,严建辉,刘连华. 间隙泄漏量的分析计算[J]. 凿岩机械工具,2002(4):14-17.
[93] 王兆烨,黄见. 柱塞偶件密封与润滑的研究与分析[J]. 中国农机化,2005(6):85-90.
[94] 卢兰光. 柴油机中压共轨综合系统的设计及其控制策略的研究[D]. 武汉理工大学,2001.

[95] 徐权奎,祝轲卿,陈自强,等. 基于PSPICE的电控柴油机电磁阀驱动电路仿真设计[J]. 农业机械学报,2008,39(2):15 - 19.

[96] 尤丽华,孙晓琴,唐雄辉. 电控组合泵喷油驱动电路设计及试验分析[J]. 内燃机工程,2009,30(6):52 - 57.

[97] 张奇,张科勋,李建秋,等. 电控柴油机电磁阀驱动电路优化设计[J]. 内燃机工程,2005,26(2):1 - 4.

[98] 刘宝延,程树康. 步进电机及其驱动控制系统[M]. 哈尔滨:哈尔滨工业大学出版社,1997:145 - 153.

[99] 卢兰光. 柴油机中压共轨综合系统的设计及其控制策略的研究[D]. 武汉理工大学,2001.

[100] 辛巍. 基于单片机的通用控制器设计与实现[D]. 上海:上海交通大学,2009.

[101] 李刚,林凌,田晓方. 练中学微控制器教程[M]. 北京:北京航空航天大学出版社,2006.

[102] 张迎新. 微控制器微型计算机原理、应用及接口技术[M]. 北京:国防工业出版社,2004.

[103] 杨杰民,郑霞君. 现代汽车柴油机电控系统[M]. 上海:上海交通大学出版社,2002.

[104] HIROHISA T,YASUKAZU S,TAKAHIRO U. Development of a common - rail proportional injector controlled by a Tandem arrayed giant - magnetost rictive actuator[C]. SAE Paper 2001 - 01 - 3128,2001.

[105] TAO G,CHEN H Y,J Y Y,et al. Optimal design of the magnetic field of a high - speed response solenoid valve[J]. Journal of Materials Processing Technology,2002,129(103):555 - 558.

[106] 邵利民. 高压共轨柴油机喷射系统参数优化研究[D]. 武汉:海军工程大学,2010.

[107] AVL FIRE Version 8 Solver[EB/OL]. http://www. avl. com,2006.

[108] 解茂昭. 内燃机计算燃烧学[M]. 2 版. 大连:大连理工大学出版社,2005.

[109] 伊藤悟,冈本研二,松井宏次. 柴油机燃油喷射系统的新动向[J]. 国外内燃机,2001(6):19 - 24.

[110] 温艳杰. 水压比例节流阀的设计及特性研究[D]. 北京:北京工业大学,2006.

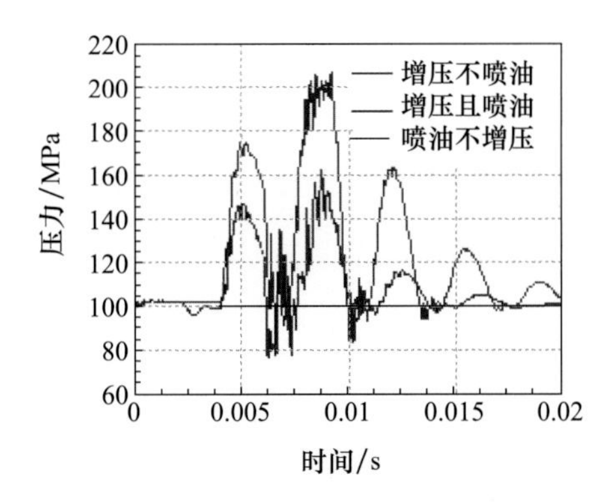

图 3－3　增压室燃油压力情况

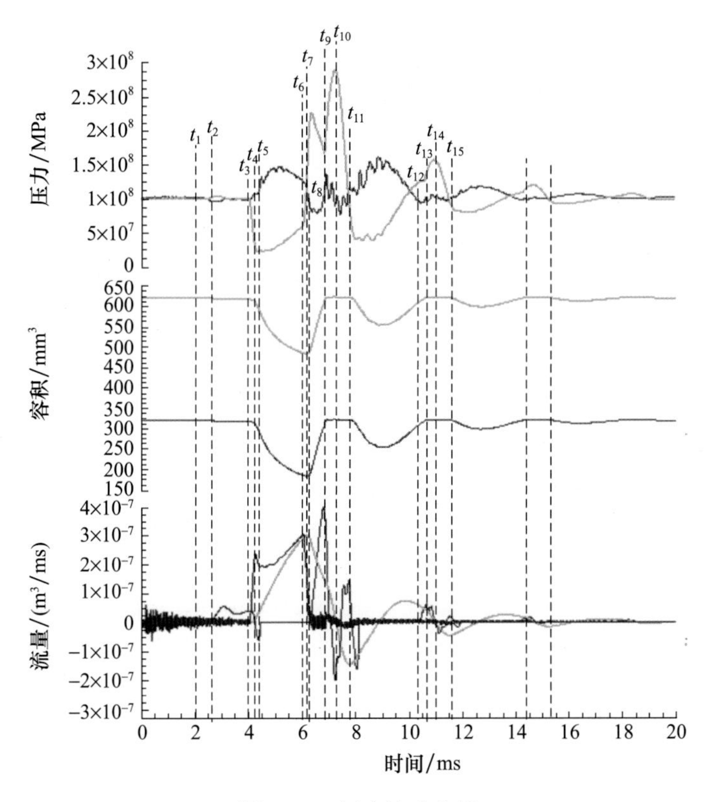

图 3－5　压力波动分析

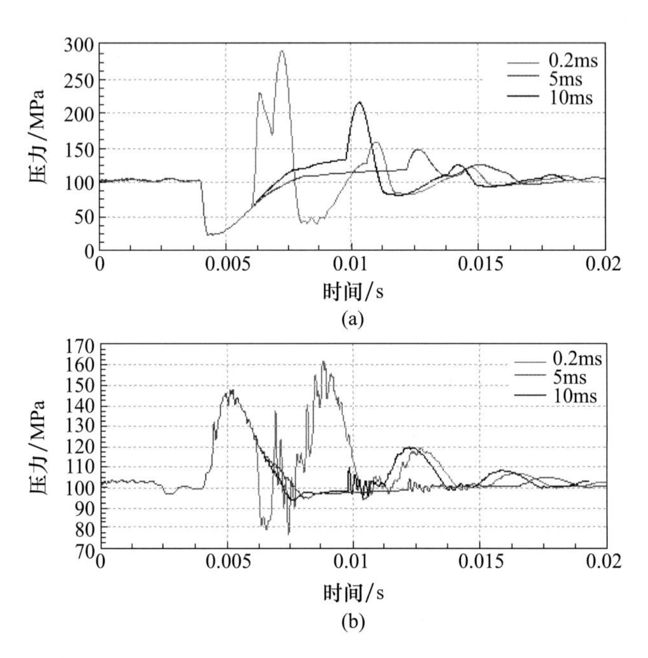

图 3-7　阀关闭时长对控制室压力波动(a)和增压压力波动(b)的影响

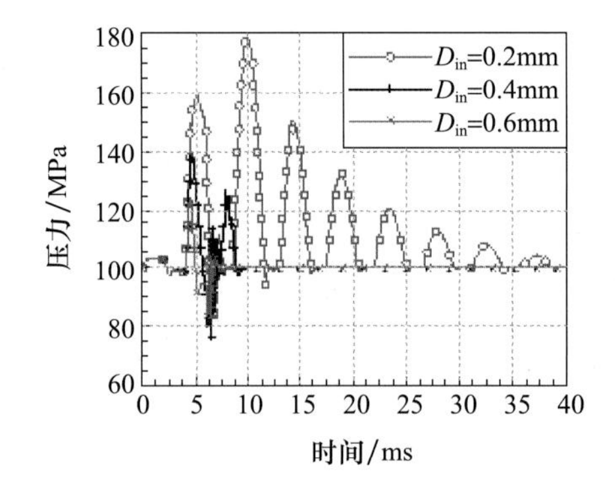

图 3-8　不同节流孔直径对增压压力的影响

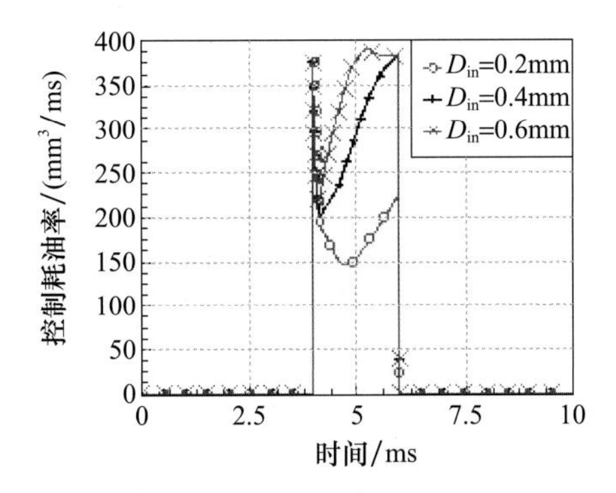

图 3－9　不同节流孔直径对控制耗油率的影响

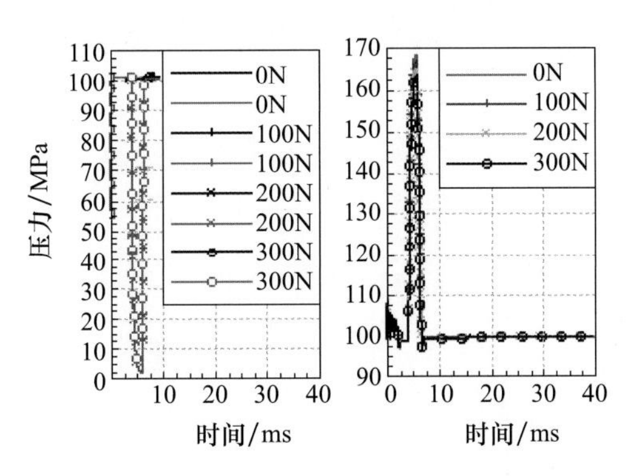

图 4－19　弹簧预紧力对各腔室压力的影响

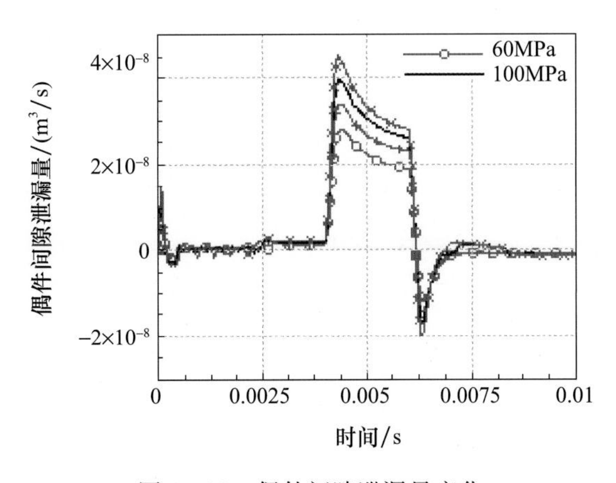

图 4－23　偶件间隙泄漏量变化

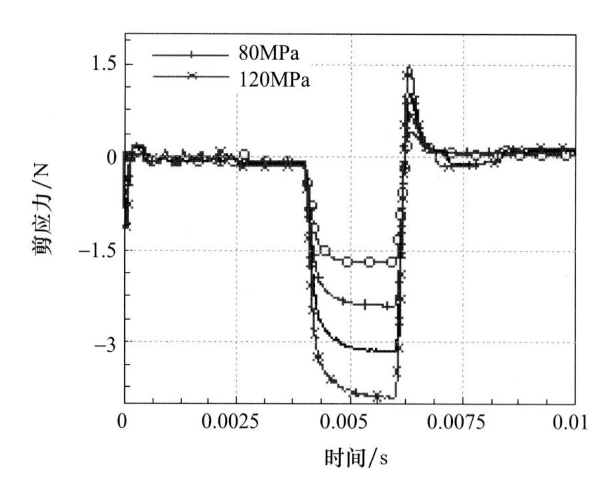

图 4－24　柱塞所受剪应力变化

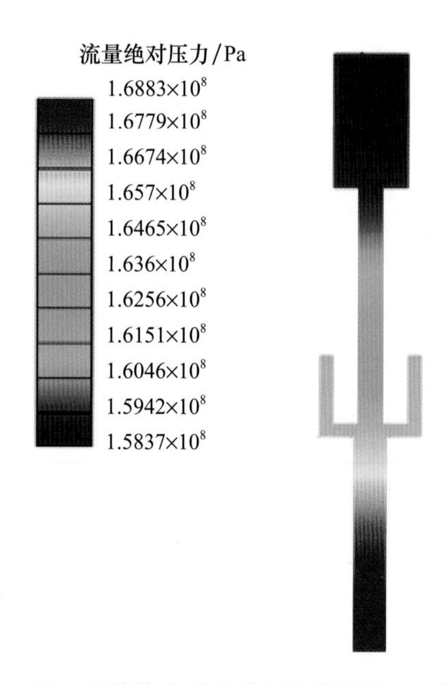

图 4－26　压缩终点时的增压油路流场压力分布

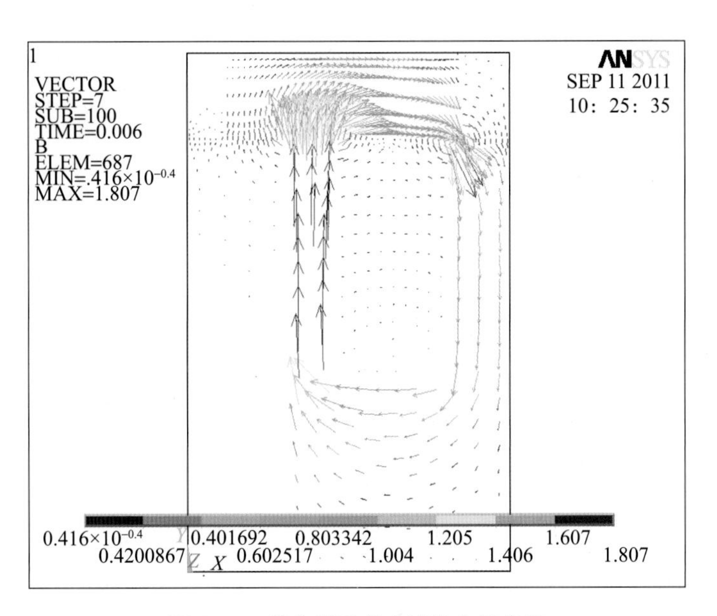

图 5-4　磁力线示意电流输出信息窗

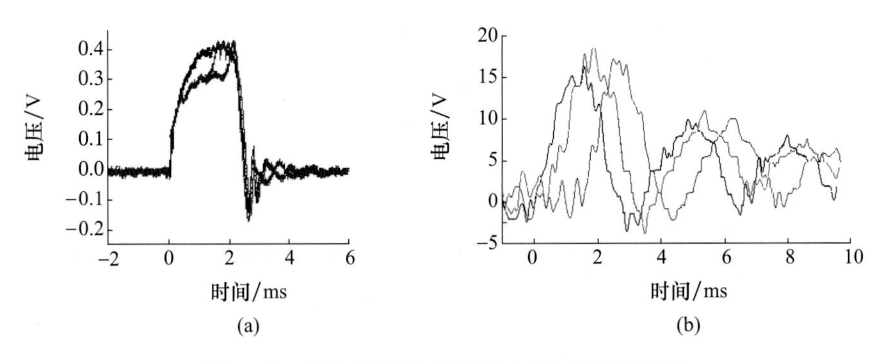

图 6-5　喷油率(a)与增压压力(b)的试验结果

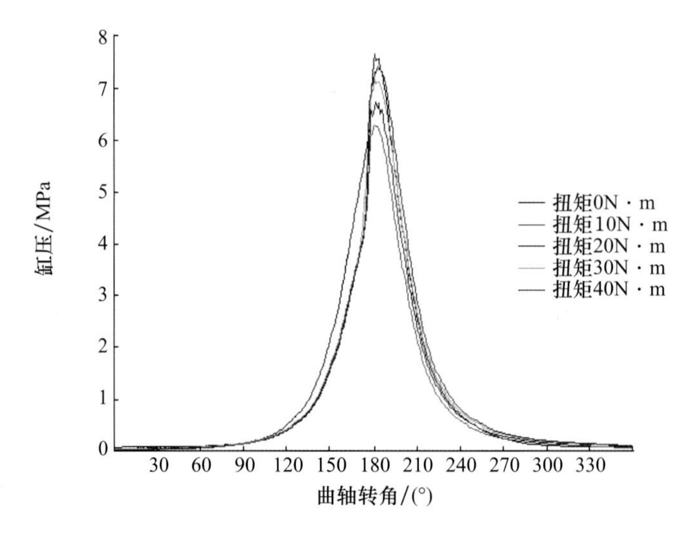

图 6－9　不同负荷下原机缸压曲线

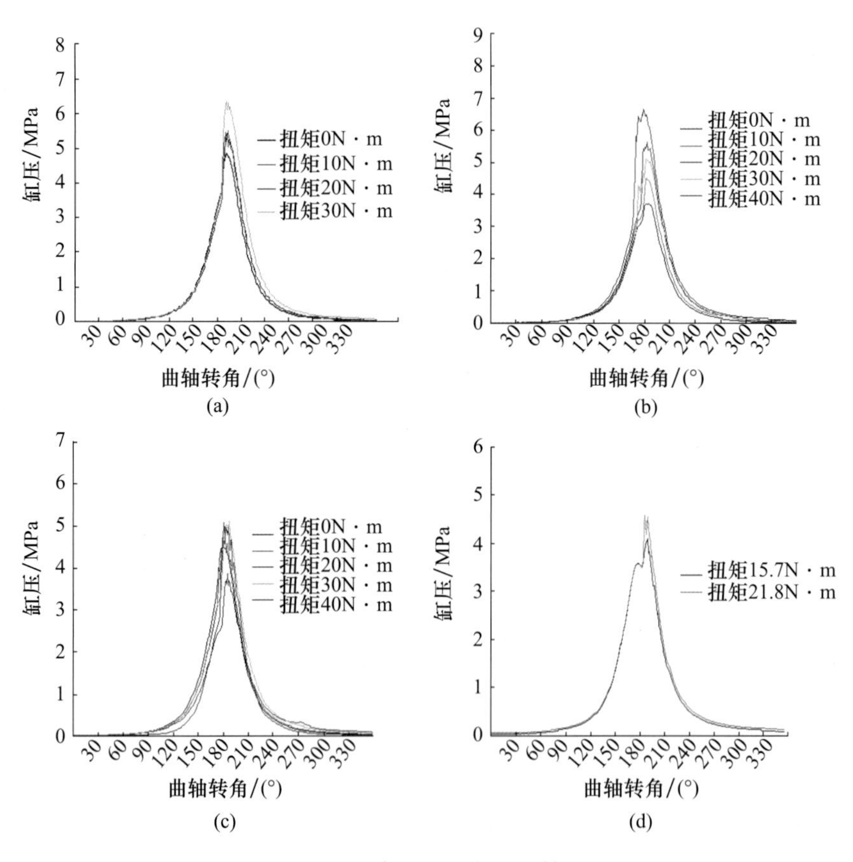

图 6－16　各工况下的缸压情况

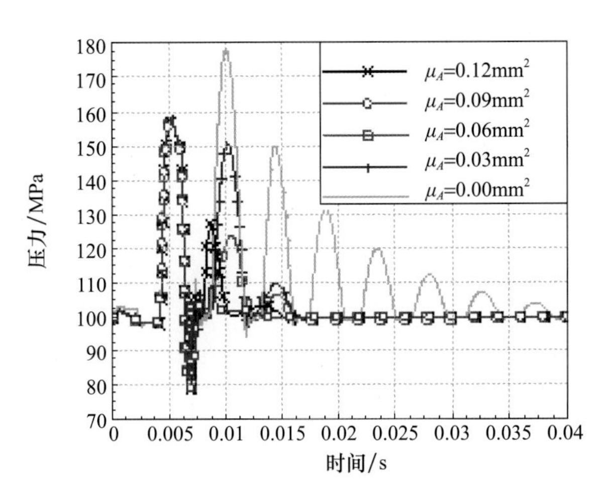

图 8－7　不同阀口面积消振效果对比

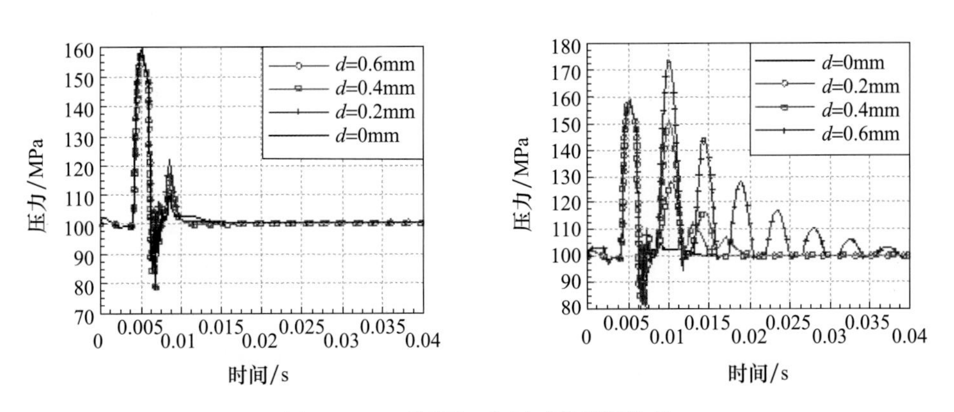

图 8－10　不同阀口位置时的消振效果

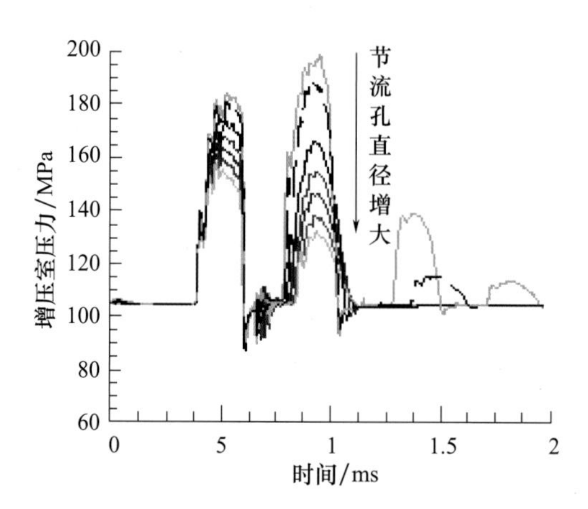

图 8-15　不同节流孔孔径的增压压力情况